Klaus Pichhardt

Qualitätssicherung Lebensmittel

Präventives und operatives Qualitätsmanagement vom Rohstoff bis zum Fertigprodukt

Mit 20 Abbildungen

Springer-Verlag
Berlin Heidelberg New York
London Paris Tokyo
Hong Kong Barcelona
Budapest

Dipl.-Ing. Klaus Pichhardt
Karl-Ullrich-Str. 24
67574 Osthofen

ISBN-13: 978-3-642-97518-9   e-ISBN-13: 978-3-642-97517-2
DOI: 10.1007/978-3-642-97517-2

Die Deutsche Bibliothek – CIP-Einheitsaufnahme
Pichhardt, Klaus:
Qualitätssicherung – Lebensmittel: präventives und operatives Qualitätsmanagement vom Rohstoff bis zum Fertigprodukt / Klaus Pichhardt. – Berlin ; Heidelberg ; New York ; London ; Paris ; Tokyo ; Hong Kong ; Barcelona ; Budapest ; Springer, 1994
   ISBN-13: 978-3-642-97518-9

Dieses Werk ist urheberrechtlich geschützt. Die dadurch begründeten Rechte, insbesondere die der Übersetzung, des Nachdrucks, des Vortrags, der Entnahme von Abbildungen und Tabellen, der Funksendung, der Mikroverfilmung oder der Vervielfältigung auf anderen Wegen und der Speicherung in Datenverarbeitungsanlagen, bleiben, auch bei nur auszugsweiser Verwertung, vorbehalten. Eine Vervielfältigung dieses Werkes oder von Teilen dieses Werkes ist auch im Einzelfall nur in den Grenzen der gesetzlichen Bestimmungen des Urheberrechtsgesetzes der Bundesrepublik Deutschland vom 9. September 1965 in der jeweils gültigen Fassung zulässig. Sie ist grundsätzlich vergütungspflichtig. Zuwiderhandlungen unterliegen den Strafbestimmungen des Urheberrechtsgesetzes.

© Springer-Verlag Berlin Heidelberg 1994
Softcover reprint of the hardcover 1st edition 1994

Die Wiedergabe von Gebrauchsnamen, Handelsnamen, Warenbezeichnungen usw. in diesem Werk berechtigt auch ohne besondere Kennzeichnung nicht zu der Annahme, daß solche Namen im Sinne der Warenzeichen- und Markenschutz-Gesetzgebung als frei zu betrachten wären und daher von jedermann benutzt werden dürften.

Produkthaftung: Für Angaben über Dosierungsanweisungen und Applikationsformen kann vom Verlag keine Gewähr übernommen werden. Derartige Angaben müssen vom jeweiligen Anwender im Einzelfall anhand anderer Literaturstellen auf ihre Richtigkeit überprüft werden.

Satz: Mitterweger Werksatz, Plankstadt
Herstellung: Renate Münzenmayer
39/3145-5 4 3 2 1 0 – Gedruckt auf säurefreiem Papier

Vorwort

Qualitätssicherungskonzepte und -systeme bis zum Total Quality Management sind in den letzten Jahren zum herausragenden Theman geworden. Diesem widmet der Bundesminister für Forschung und Technologie mit dem Programm „Qualitätssicherung 1992–1996" 350 Mio. DM für Forschungszwecke. Auch die lebensmittelherstellende Industrie und deren Zulieferer sind gefordert, um in Zukunft wettbewerbsfähig zu bleiben.

Ein ziemlich neues Konzept auf dem gesamten Lebensmittelsektor ist die Zertifizierung von Qualitätssicherungssystemen. Die Referenznorm für solche Systeme ist die DIN ISO Normen-Reihe 9000 ff, die von der CEN (Comité Europeén de Normalisation) ohne irgendeine Änderung als Europäische Normen-Reihe EN 29000 ff angenommen und genehmigt wurde.

Das Prinzip der freiwilligen Zertifizierung durch eine akkreditierte Zertifizierungsstelle – sie ist sowohl vom Käufer als auch vom Lieferanten unabhängig – besteht darin, daß mittels Auditierungen überprüft wird, ob eine allumfassende Qualitätsbeherrschung realisiert und dokumentiert ist. Es wird aber auch sehr intensiv geprüft, ob alle Mitarbeiter tatsächlich nach diesen Dokumenten arbeiten und sich mit den festgelegten Zielen identifizieren. Trotz unbestreitbar hohem Niveau in Sachen Qualität beim fertigen Produkt – meist erreicht durch Endprüfungen und Nacharbeit und nicht über Fehlerverhütung und Problemvorbeugung – treten in aller Regel Schwierigkeiten und Defizite bezüglich des praxisorientierten Aufbaues eines Qualitätssicherungssystems auf, welches auf die Schlüssigkeit im Rahmen eines Audits überprüfbar ist.

Qualitäts-Engineering wird umschrieben als Qualitätsplanung im Stadium der Entwicklung von Produkten und Prozessen *„präventiv* – vor Serienlauf" sowie *„operativ* – in der Serie" mit prozeßbegleitenden Sicherungsmaßnahmen und -methoden.

Das vorliegende Buch will anhand von Beispielen pragmatisch orientieren und somit betriebseigene Konzepte erstellen helfen –

vom Rohstoff bis zum Endprodukt. Hiervon werden auch Studierende der Lebensmitteltechnologie praxisorientierter Studiengänge profitieren.

Gemäß der „Richtlinie des Rates vom 14. Juni 1989 über die amtliche Lebensmittelüberwachung" unterliegen auch – sofern eingerichtet – Kontrollsysteme und die damit erzielten Ergebnisse der Überwachung.

Das vorliegende Buch ist folgendermaßen gegliedert:

Einem Einleitungskapitel, welches sich auf die Qualitätsstrategie und -politik eines Unternehmens bezieht, folgen neun in sich abgeschlossene Fachkapitel, die allerdings miteinander verzahnt sind – prinzipiell wie ein Qualitätssicherungssystem, welches keinesfalls nur dem Bereich Qualitätswesen zuzuordnen ist, sondern funktionsübergreifend verstanden werden muß. So werden ebenso die beteiligten technischen Bereiche Entwicklung und Produktion wie die nichttechnischen Bereiche Beschaffung und Marketing angesprochen, um ihre Geschäftsabläufe so zu disziplinieren und organisieren, daß auch dort die neue Art der Qualitätsbeherrschung verwirklicht werden kann.

Neben „Gute Herstellungspraxis (GHP)" und „Gefahrenanalyse und kritische Kontrollpunkte (HACCP)" werden auch besondere Maßnahmen zu den Qualitätsprüfungen angesprochen, so zu den Themen Lebensmittelchemie, physikalische und technische Besonderheiten, Lebensmittelmikrobiologie und -hygiene sowie die oft vernachlässigten Primärpackmittel. Die Problematik bezüglich Probenahmepläne wird keinesfalls ausgespart, sondern ebenfalls behandelt – einerseits an Vorgaben ausgerichtet – andererseits aber auch von deren Theorie- und Kopflastigkeit befreit.

Das Buch wird abgerundet durch die Darstellung eines Krisenprogrammes, das dann zu greifen hat, wenn trotz aller Sicherungsmaßnahmen ein Produkt aus den Distributionskanälen zurückgezogen werden muß. Schließlich wird ein Produktreport vorgestellt, welcher den Handel als Mittler zwischen Hersteller und Endverbraucher in die Lage versetzt, die Sicherheit der vertriebenen Produkte bewerten zu können.

Für die Mithilfe danken möchte ich meiner Mitarbeiterin Frau S. Grossmann, Worms und Herrn Dr. W. Jung, Heilbronn, für wertvolle Hinweise und Anregungen. Dem Springer-Verlag danke ich für die wiederum angenehme und zuverlässige Zusammenarbeit.

Osthofen, Mai 1993   Klaus Pichhardt

Inhaltsverzeichnis

1	**Qualitätsstrategien**	
1.1	**Qualitätssicherung als Unternehmensstrategie**	3
1.1.1	Strategien zur Senkung von Fehlleistungen	4
	1.1.1.1 Aufschlüsselung der Qualitätskosten	6
1.2	**Normiertes Qualitätssicherungssystem**	8
1.2.1	Bedeutung der einzelnen Normen und deren Auswahl .	8
1.2.2	Kernbereiche des Qualitätsmanagements.........	10
1.2.3	Firmenspezifisches Qualitätssicherungs-Handbuch...	10
1.2.4	Präventive und operative Qualitätsstrategie	13
1.2.5	Unternehmenseigenes Qualitätssicherungssystem – Amtliche Lebensmittelüberwachung............	17

2	**Gute Herstellungspraxis**	
2.1	**GHP-Grundsätze zur Qualitätssicherung**	21
2.1.1	Einhaltung der GHP......................	22
2.1.2	Qualitätsprüfungssystem	23
2.2	**Rohstoffe**	25
2.2.1	Beschaffung und Wareneingang	25
	2.2.1.1 Geltungsbereich	25
	2.2.1.2 Bestellung von Rohstoffen	25
	2.2.1.3 Wareneingang....................	26
	2.2.1.4 Warenannahme (Eingangsprüfung I)	26
2.2.2	Qualitätsprüfung	27
	2.2.2.1 Prüfung, Umfang, Verantwortung........	27
	2.2.2.2 Eingangsprüfung II	27
	2.2.2.3 Musterzug	28

		2.2.2.4 Musterprüfung	28
		2.2.2.5 Dokumentation der Musterprüfung	29
2.2.3	Freigabe		30
		2.2.3.1 Freigabeentscheid – Freigabekompetenz	30
		2.2.3.2 Dokumentation der Freigabeentscheide	30
		2.2.3.3 Zuordnungsfähige Kennzeichnung der Freigabeentscheide	30
2.3	**Packmittel**		**32**
2.3.1	Beschaffung und Wareneingang		32
		2.3.1.1 Geltungsbereich	32
		2.3.1.2 Allgemeine Anforderungen an Packungselemente	32
		2.3.1.3 Beschaffung	33
		2.3.1.4 Wareneingang	33
		2.3.1.5 Warenannahme	33
2.3.2	Qualitätsprüfung		34
		2.3.2.1 Umfang und Verantwortung	34
		2.3.2.2 Musterzug und Prüfung	34
		2.3.2.3 Dokumentation der Packmittelprüfung	34
2.3.3	Freigabe		35
		2.3.3.1 Freigabeentscheid auf Freigabekompetenz	35
		2.3.3.2 Dokumentation der Freigabeentscheide	35
		2.3.3.3 Kennzeichnung von Sperre, Freigabe und Rückweisung	35
2.4	**Produktion**		**37**
2.4.1	Herstellung		37
		2.4.1.1 Geltungsbereich	37
		2.4.1.2 Gebäude und Räumlichkeiten	37
		2.4.1.3 Apparate, Einrichtungen und Behälter	37
		2.4.1.4 Personal	38
		2.4.1.5 Produktionsvorschrift	38
		2.4.1.6 In-Prozeß-Kontrollen (IPK) und HACCP	38
		2.4.1.7 Produktionsprotokolle	39
		2.4.1.8 Ausgangsstoffe	39
		2.4.1.9 Feststellung von Mängeln an freigegebenen Produkten (Chargen)	39
		2.4.1.10 Vorübergehende Lagerung von Produkten in Betrieben	39
		2.4.1.11 Verpackung von Zwischenprodukten	40

		2.4.1.12 Umarbeitung von intern zurückgewiesenen Chargen und Retouren	40
2.4.2	Produktionsvorschriften		40
	2.4.2.1	Definition	40
	2.4.2.2	Inhalt	40
	2.4.2.3	Fabrikationsauftrag, Kurzvorschrift	41
	2.4.2.4	Kennzeichnung	41
	2.4.2.5	Erstellung	42
	2.4.2.6	Anforderung an Produktionsvorschriften	42
	2.4.2.7	Änderung von Produktionsvorschriften	42
	2.4.2.8	Aufbewahrung	42
2.4.3	In-Prozeß-Kontrolle (IPK) und HACCP		42
	2.4.3.1	Allgemein	42
	2.4.3.2	Unterlagen und Spezifikationen	43
	2.4.3.3	Entscheide	43
	2.4.3.4	Dokumentation	43
2.4.4	Produktionsprotokolle		44
	2.4.4.1	Zweck	44
	2.4.4.2	Umfang	44
	2.4.4.3	Inhalt	44
2.4.5	Verpackung – Konfektionierung		45
	2.4.5.1	Geltungsbereich	45
	2.4.5.2	Gebäude und Räumlichkeiten	45
	2.4.5.3	Apparate und Einrichtungen	46
	2.4.5.4	Personal	47
	2.4.5.5	Verpackungsvorschriften	47
	2.4.5.6	Prüfungen	47
	2.4.5.7	Verpackungsprotokolle	47
	2.4.5.8	Halbfertigprodukte	47
	2.4.5.9	Packmaterial	48
	2.4.5.10	Feststellung von Mängeln an freigegebenen Produkten	48
	2.4.5.11	Vorübergehende Lagerung von Material im Verpackungsbereich	48
	2.4.5.12	Fertigprodukte	49
2.4.6	Verpackungsvorschriften		49
	2.4.6.1	Geltungsbereich	49
	2.4.6.2	Inhalt von Verpackungsvorschriften	49
	2.4.6.3	Auftragsspezifische Verpackungsvorschriften	50
	2.4.6.4	Änderung von Packmaterialien	51
	2.4.6.5	Änderung von Verpackungsvorschriften	51
	2.4.6.6	Aufbewahrung	51

2.4.7	Verpackungsprüfungen		51
	2.4.7.1	Allgemein	51
	2.4.7.2	Grundsatz	51
	2.4.7.3	Vorschriften für die Verpackungsprüfung	52
	2.4.7.4	Umfang der Verpackungsprüfungen	52
	2.4.7.5	Dokumentation	53
2.4.8	Verpackungskontrolle		53
	2.4.8.1	Zweck	53
	2.4.8.2	Allgemein	53
	2.4.8.3	Inhalt	53
2.4.9	Lebensmittelabfälle		54

2.5 Gebäude und Räumlichkeiten 55

2.5.1	Geltungsbereich		55
	2.5.1.1	Grundsätze	55
	2.5.1.2	Allgemeine bauliche Ausführung	55
	2.5.1.3	Produktionsräume	56
	2.5.1.4	Lagerräume	57
	2.5.1.5	Personalräume	57
	2.5.1.6	Entsorgungsräume	57

2.6 Apparate und Einrichtungen 58

2.6.1	Geltungsbereich		58
	2.6.1.1	Konstruktion und Anordung	58
	2.6.1.2	Einsatz	59
	2.6.1.3	Instandhaltung	59
	2.6.1.4	Meß- und Wägeeinrichtungen	60
	2.6.1.5	Dokumentation bei Mehrzweckapparaturen	60

2.7 Lager 61

2.7.1	Geltungsbereich		61
	2.7.1.1	Allgemeine Anforderungen	61
	2.7.1.2	Wareneingang	61
	2.7.1.3	Lagervorschriften	61
	2.7.1.4	Lagerung	62
	2.7.1.5	Behandlung zurückgewiesener Chargen	62
	2.7.1.6	Dokumentation	63
	2.7.1.7	Nachkontrollen	63
	2.7.1.8	Warenabgabe	64

2.8	**Personal**	65
2.8.1	Geltungsbereich	65
	2.8.1.1 Allgemeine Anforderungen an Mitarbeiter	65
	2.8.1.2 Gesundheitszustand	66
	2.8.1.3 Hygiene	67
2.9	**Schulung**	68
2.9.1	Geltungsbereich	68
	2.9.1.1 Lebensmittel- und Betriebshygiene	68
	2.9.1.2 Rohstoff- und verfahrenskundliche Schulung	68
	2.9.1.3 Lagerhaltung	69
2.9.2	Überprüfung von Schulungszielen	69
2.9.3	Dokumentation	69
2.10	**Besucherregelungen – Betriebliche Führungen**	70
2.10.1	Geltungsbereich	70
2.10.2	Einweisung	70
2.10.3	Dokumentation	70

3 Gefahrenanalyse kritischer Kontrollpunkte (HACCP)

3.1	**HACCP – Begriffe, Grundlagen und Grundsätze**	73
3.1.1	Grundlagen	73
	3.1.1.1 Intrinsic parameters – Extrinsic parameters	74
	3.1.1.2 CCPs – Kritische Kontrollpunkte	74
3.1.2	Grundsätze	75
	3.1.2.1 Gefahrenarten	76
	3.1.2.2 Darstellung von HACCP-Maßnahmen	77

4 Chemische, physikalische, sensorische und mikrobiologische Qualitätsprüfung

4.1	**Grundsätze und Definitionen**	83
4.1.1	Chemische, physikalische und sensorische Qualitätsprüfung	84
4.1.2	Mikrobiologische Qualiätsprüfung	84

4.1.3	Kompetenzen		84
	4.1.3.1	Primärer Entscheid	84
	4.1.3.2	Sekundärer Entscheid	85
4.1.4	Definitionen		85
4.1.5	Prüfungen in Abstimmung mit dem Herstellprozeß		88
4.1.6	Spezifikationen		90
4.1.7	Analytische und mikrobiologische Methoden		91

4.2 Beschaffung von Ausgangsmaterialien ... 92

4.2.1	Allgemeines	92
4.2.2	Wahl des Lieferanten	92
4.2.3	Wareneingang Lager (Eingangsprüfung I)	93

4.3 Rohstoffe – Klassierung und Musterzug ... 94

4.3.1	Funktion Chemie, Physik, Sensorik		95
	4.3.1.1	Klassierung	95
	4.3.1.2	Musterzug und Stichprobenplan	96
4.3.2	Funktion Mikrobiologie		99
	4.3.2.1	Klassierung	99
	4.3.2.2	Musterzug und Stichprobenplan	100

4.4 Qualitätsprüfung von Rohstoffen ... 104

4.4.1	Prüfvorschrift		104
	4.4.1.1	Qualitätsmerkmale	104

4.5 Produktions- und Prozeßkontrollen ... 106

4.5.1	Funktion Chemie, Physik, Sensorik		106
	4.5.1.1	Wahl der Prüfkriterien	107
	4.5.1.2	Wahl von Qualitätsmerkmalen	107
	4.5.1.3	In-Prozeß-Kontrollen (IPK) und HACCP	107
	4.5.1.4	Anforderung an IPK und HACCP	108
	4.5.1.5	Spezielle Prüfungen im Rahmen der Fabrikation	108
	4.5.1.6	Auswirkung der IPK auf die endgültige Qualitätsprüfung	108
	4.5.1.7	Musterzugspläne für die Endkontrolle	109
	4.5.1.8	Prüfungsvorschriften	111
4.5.2	Funktion Mikrobiologie		112
	4.5.2.1	Fabrikationshygienische Kontrollen	113

	4.5.2.2 Personalhygienische Kontrollen 113

4.6	**Qualitätsprüfung von Fertigprodukten** 115
4.6.1	Funktion Chemie, Physik, Sensorik 115
	4.6.1.1 Periodische Nachkontrolle (Monitoring). . . . 115
4.6.2	Funktion Mikrobiologie 116
	4.6.2.1 Klassierung auf Grundlage eines Gefährdungspotentials 116
	4.6.2.2 Musterzug und Stichprobenplan 119

4.7	**Besonderes zu Stichprobenplänen** 122
4.7.1	Stichprobenpläne für chemische, physikalische und sensorische Prüfungen 122
4.7.2	Stichprobenpläne für mikrobiologische Prüfungen . . . 123

5 Qualitätssicherung der Packmittel

5.1	**Grundsätze und Definitionen** 131
5.1.1	Organisation der Funktion Packmittelprüfung 131
5.1.2	Definition der Packmittel 132
5.1.3	Definition der unterschiedlichen Fehlerbegriffe 132
5.1.4	Gliederung der Packmittelsicherung 133

5.2	**Prüfungen, Bemusterungen und Stichprobenpläne** . . 135
5.2.1	Prüfungen 135
	5.2.1.1 Annahmeprüfung durch Lagerpersonal 135
	5.2.1.2 Stichprobenahme 137
	5.2.1.3 Textprüfungen 137
	5.2.1.4 Chemisch-physikalische und mikrobiologische Prüfungen 137
	5.2.1.5 Meßtechnische und funktionale Eignungsprüfung. 137
	5.2.1.6 Freigabe oder Beanstandungen 139
	5.2.1.7 Rücksendung 140
	5.2.1.8 In-Prozeß-Kontrollen (IPK) während der Konfektionierung. 140
5.2.2	Bemusterung und Stichprobenpläne 142
	5.2.2.1 Reduzierte Bemusterung. 143
	5.2.2.2 Statistisch gesicherte Stichprobenentnahme . 143

5.3	**Qualitätsprüfung bei Neuentwicklungen (Änderungen)**	145
5.3.1	Begutachtungspflicht	146
	5.3.1.1 Entscheid	146
	5.3.1.2 Musterarchivierung	146
5.3.2	Revision von Ausführungs- und Prüfvorschriften	146

6 Qualitätssicherung in der Entwicklung (Designlenkung)

6.1	**Grundsätze und Grundlagen**	149
6.1.1	Produktentwicklung – beteiligte Bereiche	149
6.2	**Schrittfolge der Produktentwicklung**	153
6.2.1	Produktentwicklungsantrag	153
6.2.2	Produktformulierung	154
	6.2.2.1 Intrinsic und Extrinsic parameters als Abwehrmaßnahme	154
6.2.3	Pilotlinienmuster	155
6.2.4	Produktions-(Betriebs-)versuche	156
	6.2.4.1 Stufenkontrollen kritischer Punkte	158
6.3	**Produktedokumentation**	159
6.3.1	Elemente einer Produktedokumentation	159
	6.3.1.1 Fabrikationsvorschrift, Spezifikationen, Prüfvorschrift	160

7 Qualitätssicherung in der Beschaffung

7.1	**Grundsätze**	167
7.2	**Qualitätsfähiger Lieferant**	169
7.2.1	Lieferantenleistung – Rohstoffe und Primärpackmittel	169
7.2.2	Beschaffungsspezifikation	176
	7.2.2.1 Stichprobenplan	178

7.3 On-Pack- und In-Pack-Promotion Artikel – Bedruckte Primärpackmittel 179
7.3.1 Definition der Promotion Artikel 179
    7.3.1.1 On-Pack-Promotions 179
    7.3.1.2 In-Pack-Promotions 180
7.3.2 Bedruckte Primärpackmittel 180

8 Schulung

8.1 Aufbau und Organisation 185
8.1.1 Grundlagen 185
8.1.2 Realisierung eines Ausbildungsplans 186

9 Krisenmanagement – Produktrückruf- und Warnrufkonzept

9.1 Grundlagen 191
9.1.1 Rechtliche Aspekte zum Warenrückruf 192
9.1.2 Zielsetzung des Warenrückrufs 192
9.1.3 Lokalisierung von Gefahrenpotentialen 192
    9.1.3.1 Fehlereinteilung in Gefahrengruppen 193

9.2 Das Krisenmanagement 194
9.2.1 Der Krisenstab als Gremium 194
9.2.2 Krisendateien – Adressenpool und namentlich ansprechbare Partner 195
9.2.3 Identifikation eines Artikels 196
9.2.4 Risikoanalyse – der Kristenstab probt die Praxis 198
    9.2.4.1 Umgang mit der Presse 202
    9.2.4.2 Drohung – Sabotage 203

10 Qualitätssicherung Hersteller/Handel

10.1 Qualitätssicherung – Produktreporting 207
10.1.1 Reporting – Management der Produktequalität 209

Anhang: Anschriften akkreditierter Zertifizierungseinrichtungen 218

Literatur. 220

Sachverzeichnis 224

1 Qualitätsstrategien

1.1 Qualitätssicherung als Unternehmensstrategie

Dem steigenden Wettbewerb und Kostendruck sowie gestiegenen Qualitätsansprüchen – nicht zuletzt von Seiten der Verbraucher – sind Rechnung zu tragen, um konkurrenzfähig zu bleiben. Hinzu kommt, daß die EG-Kommission in großen Schritten die Harmonisierung des Lebensmittelrechts vollzieht, um den freien Warenverkehr in der Europäischen Gemeinschaft und in den EFTA-Ländern zu ermöglichen. Dies läßt sich nicht mehr über Qualitätskontrollen im herkömmlichen Sinne regeln, denn im Qualitätsbereich hat sich in den zurückliegenden 10–15 Jahren ein deutlicher Wandel vollzogen. *Die Qualitätskontrolle alter Prägung existiert nicht mehr.*

Qualität beginnt mit der Definition in der Chefetage und muß sich auf allen Ebenen durchsetzen. Die erste und wichtigste Voraussetzung für die *Unternehmensspezifische Qualitätsstrategie* ist die richtige Einstellung des Managements. Es muß sich der Aufgabe und der Bedeutung dieser Strategie, nämlich einer weitreichenden Veränderung der gesamten Unternehmenskultur inklusive des eigenen Aufgabenverständnisses, voll bewußt sein. Arbeitsgrundlage der *Unternehmensspezifischen Qualitätsstrategie* ist eine möglichst deutliche Beschreibung der aktuellen und künftigen Unternehmensziele. Aus der systematischen Analyse des IST-Zustandes ergeben sich dann lang-, mittel- und kurzfristige Zielsetzungen. Jeder definierten Maßnahme sind eindeutige Zeit- und Erfolgskriterien zuzuordnen. Keine Maßnahme darf ohne eindeutige und transparente abschließende Bewertung beendet werden.

Somit wird leicht ersichtlich, daß wirksame Qualitätsstrategien nicht mit Knopfdruck eingeführt werden können. Jeder Unternehmer muß sich allerdings bewußt sein, daß nur die Qualität als Wertmaßstab langfristig den Erfolg seines Unternehmens sichert. Dabei ist der Begriff *„Qualität"* nicht mit hervorragender Qualität mißzuverstehen, wie häufig in der Umgangssprache gebräuchlich, sondern mit *„Normenkonformität"*.

Der Ehrgeiz, den Kunden zu befriedigen, beginnt schon bei der Planung eines neuen Produktes, und sollte es durch Entwicklung, Erprobung, Vorserie und Produktion bis hin zum Dienst am Kunden begleiten. Je mehr Arbeitszeit in Planung und Entwicklung investiert wird, desto weniger muß später für die Beseitigung von Fehlern eingesetzt werden. Das Streben nach der frühen und der endgültigen Perfektion muß Grundlage der Firmenpolitik werden und allen Mitarbeitern nachhaltig bekannt gemacht sein. Es muß das Ziel sein, alle Mitarbeiter in allen Hierarchien zu motivieren und zu schulen, Fehler zu finden und ohne Furcht vor Repressionen zugeben zu können. Auch kleine Unregelmäßigkeiten bei der Qualität sollten jeden an der Produktionslinie ermächtigen, die Notbremse zu ziehen und die Fertigung anzuhalten. Die Unternehmen, die moderne Strategien wie *„just in time"*, *„lean production"*, *„market-in"* etc. verfolgen, sollten sich zudem bewußt sein, daß diese ohne Qualitätsbeherrschung im gesamten Unternehmen nicht realisierbar sind.

1.1.1 Strategien zur Senkung von Fehlleistungen

Qualität wird unbezahlbar, wenn nach dem Schema der reinen Endkontrolle weiter verfahren wird. Man muß sich bewußt sein, daß *Qualitätskosten* nichts anderes darstellen als *Aufwendungen für Fehlleistungen*. Wären Fehler ausgeschlossen, also eine „Null-Fehler-Produktion" möglich, könnten sämtliche Qualitätsaktivitäten entfallen. Jeder wirtschaftlich Denkende muß daher bestrebt sein, Fehlleistungen auf ein Minimum zu beschränken, um Geld zu sparen oder aber den Gewinn zu optimieren.

Qualitätskosten werden üblicherweise in drei Kategorien unterteilt: *Kosten für die Vorbeugung* (Fehlerverhütungskosten), *Kosten für Überprüfungen* und *Kosten für Fehler*. Analysen zeigen in stetiger Regelmäßigkeit, daß die Hauptlast der Qualitätskosten den Fehlerkosten zuzuordnen ist. Fehlerkosten können durch Erhöhung des Prüfaufwandes oder Mehrinvestitionen in Vorbeugemaßnahmen gesenkt werden und damit auch die Qualitätskosten.

Die bereits in den 60er-Jahren erkannte „Zehnerregelung" sagt, daß ein nicht entdeckter Fehler zu Fehlerbeseitigungskosten führt, die sich von Stufe zu Stufe verzehnfacht; d.h. kostet ein unentdeckter Fehler in der Planungsphase eines Produktes noch eine

Qualitätssicherung als Unternehmensstrategie 5

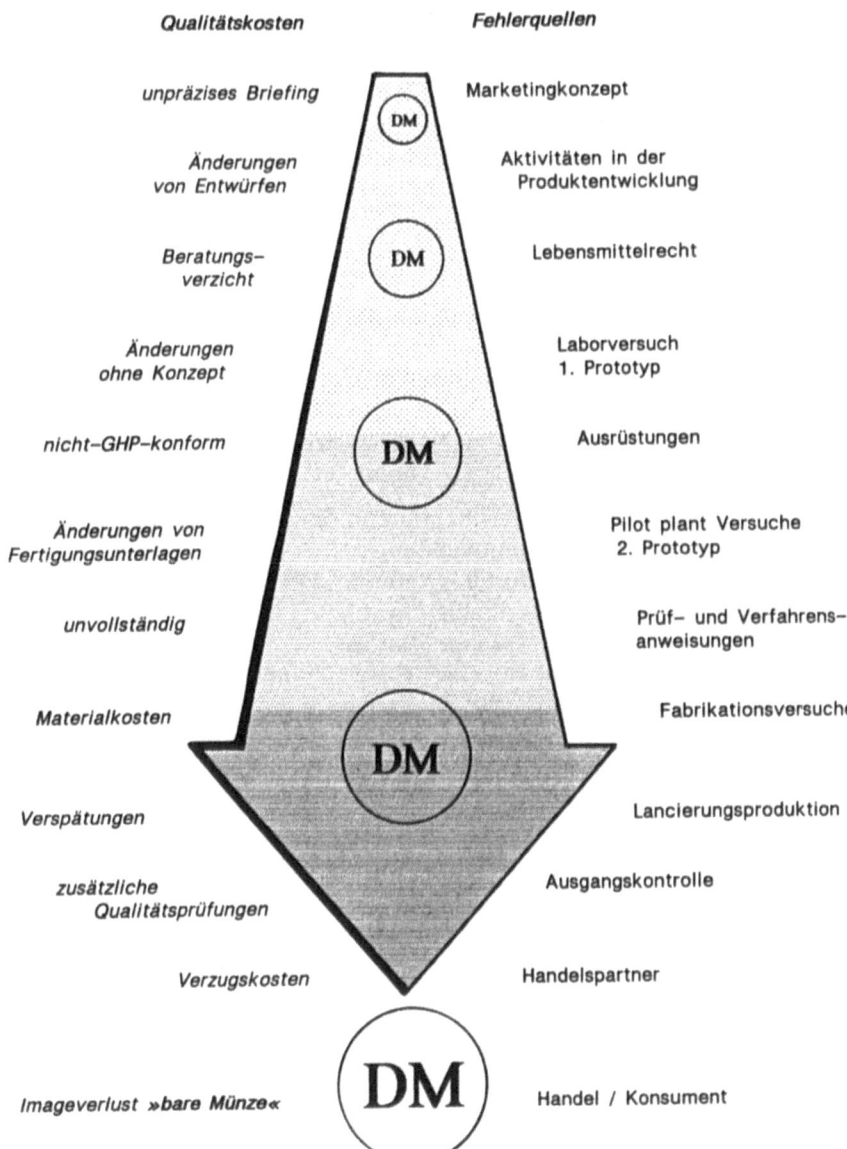

Abb. 1. Senkung der Qualitätskosten durch frühes Erkennen von Fehlern bzw. richtiges Handeln von Anfang an

D-Mark, in der Fertigstellung bereits zehn, so steigert sich der Betrag auf einhundert in der Endprüfung und auf eintausend D-Mark, wenn er erst vom Kunden entdeckt wird (Abb. 1). Alle Erfahrungen bestätigen, daß der gezielte und nicht überfrachtete Prüfaufwand in Verbindung mit einer vernünftigen Mehrinvestition in Vorbeugemaßnahmen am wirkungsvollsten ist.

1.1.1.1 Aufschlüsselung der Qualitätskosten

Kosten für Vorbeugemaßnahmen fallen in der Regel an, bevor ein Produkt fertiggestellt ist; Präventivmaßnahmen mindern deutlich Kosten für Überprüfungen, Nachbesserungen bzw. Fehlerbeseitigungen.

- Qualitätsplanung bereits beginnend bei der Projektidee (Marketing) und der Projektentwicklung
- Qualitätssicherung durch greifende HACCP- und GHP-Konzepte und deren praktikable Umsetzung
- Lückenlose Produktdokumentation
- Lieferantenauswahl vor einer Beschaffung
- Schulungsprogramme für das Personal zu Qualitätsbewußtsein und Lebensmittelhygiene

Kosten für Überprüfungen fallen während einer Produktentwicklung, insbesondere aber während der Fabrikation und am Fertigprodukt an, und zwar immer bevor das Produkt dem Kunden zur Verfügung gestellt wird. Überprüfungen schließen Be- und Auswertungen (Evaluationen) ein.

- Rohstoff- und Packmitteleingangskontrollen
- In-Prozeß-Kontrollen
- Ausgangs-(Konformitäts-)kontrollen
- Bereitstellung und Wartung von Prüfeinrichtungen (Apparate, Geräte)
- Materialverbrauch bei zerstörenden Prüfungen
- Interne und externe Audits

Kosten für Fehler entstehen dadurch, daß ein Produkt mit Fehlern oder Mängeln behaftet ist und somit den Anforderungen nicht entspricht. Es wird zwischen „intern" und „extern" auftretenden Fehlerkosten unterschieden.

intern

- Fehlersuche und Dokumentation
- Fehlerbeseitigung
- Nachkontrollen
- Vernichtung oder Entsorgung
- Lieferverzögerung

extern

- Reklamation
- Wertminderung
- Transportkosten für Retoure
- Produkthaftung
- Imageverlust

Fazit: **„Do it right the first time"**

1.2 Normiertes Qualitätssicherungssystem

Die Qualitätssicherung muß in allen Ebenen eines Unternehmens verstanden und eingeführt sein, wobei von der obersten Führungsebene eine besondere Verantwortung verlangt wird. Sie ist zur Darlegung der Qualitätspolitik verpflichtet, hat angemessene Mittel einzusetzen sowie ausgebildetes Personal zu bestellen.

Das internationale Normenwerk ISO 9000–9004 wurde von der CEN (Comité Européen de Normalisation) als Europäische Normen EN 2900–29004 ohne eine Änderung genehmigt (Deutsche Norm DIN ISO 9000–9004, 1990).

Diese Normenreihe ist allerdings keine Verfahrensvorschrift, wie sonst bei technischen Normen üblich. Eine „genormte" Qualitätssicherung kann es nicht geben, wohl aber ein genormtes System zur Sicherung der Produktequalität. Die Qualitätssicherung eines Unternehmens ist durch eine Vielzahl in- und externer Einflüsse geprägt; so unter anderem von den individuellen Unternehmenszielen, der Art der Produkte, der Größe der Organisation und nicht zuletzt dem Kundenwunsch.

Die „Kernnormen" DIN ISO 9001–9003 sind als Modell für eindeutig dokumentierte Qualitätssicherungssysteme aufgebaut. Das Qualitätssicherungssystem eines Unternehmens kann nun diesen Modellen weitgehend entsprechen – es kann aber auch in einigen Punkten abweichen. In jedem Fall muß gewährleistet sein, daß mit einer Modifizierung die DIN ISO-Konformität gesichert ist.

1.2.1 Bedeutung der einzelnen Normen und deren Auswahl

Die Norm DIN ISO 9000 „Qualitätsmanagement- und Qualitätssicherungsnormen – Leitfaden zur Auswahl und Anwendung" erklärt zunächst Grundbegriffe der Qualitätssicherung und gibt

Beratung, welches Qualitätssicherungssystem (DIN ISO 9001–9003) für ein Unternehmen zweckmäßig erscheint. Die Normen 9001-9003 bilden den Kern, wobei die Auswahl industriespezifisch ausgelegt werden kann (Abb. 2).

DIN ISO 9004 beschreibt einen Grundstock von Elementen mit denen Qualitätssicherungssysteme entwickelt und eingeführt werden können, sie dient als Hilfe zur Auswahl unternehmensspezifischer Belange und definiert den Qualitätskreis – begonnen bei der

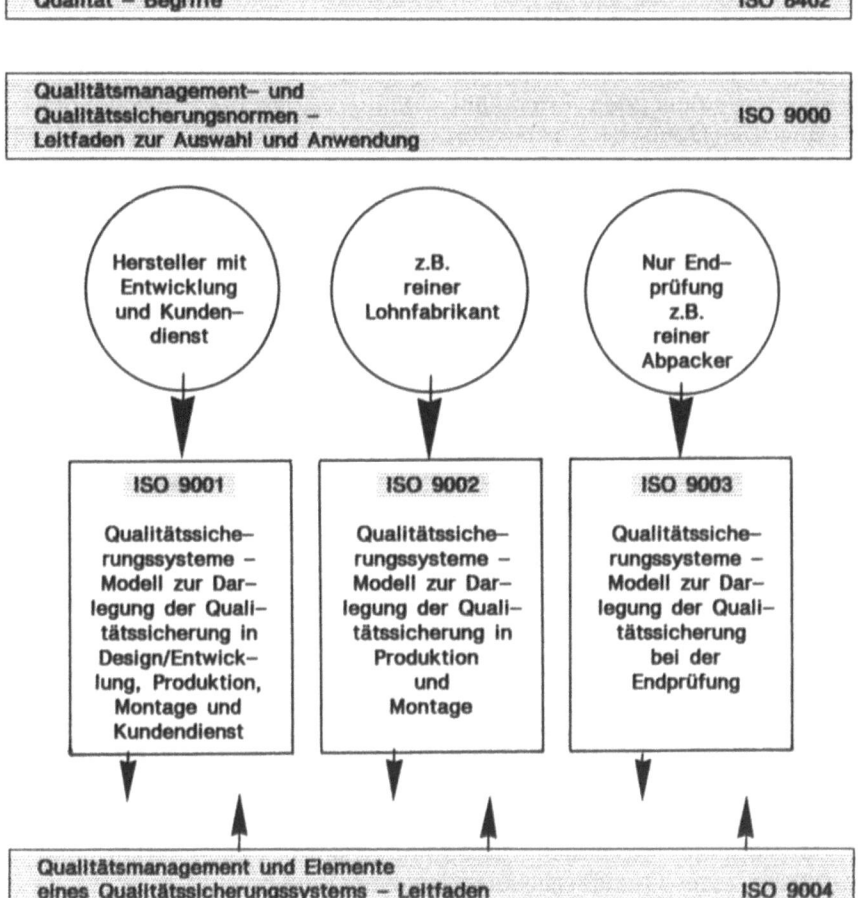

Abb. 2. Normenreihe DIN ISO 9000ff.

ersten Identifikation bis zur abschließenden Erfüllung der Kundenforderung und -erwartung.

Strebt ein Unternehmen mit Produktentwicklung eine Zertifizierung durch eine akkreditierte Stelle (Anschriften im Anhang) an, so kann durchaus die Norm 9002 gewählt werden, die Entwicklung wird also nicht berücksichtigt. Allerdings ist zu bedenken, daß die Produktentwicklung einen hohen innerbetrieblichen Stellenwert einnimmt, denn 75% aller Produktfehler stecken schon in der Planung und 80% der Fehler werden erst am fertigen Produkt gefunden (Emde 1992). Somit wäre es aus ökonomischer Sicht leichtsinnig, den vermeintlich einfacheren Weg zu einer Zertifizierung zu beschreiten.

Neben der genannten Normenreihe DIN ISO 9000 ff. ist die ISO Norm 8402 zu beachten (Abb. 2); sie beschreibt und definiert die grundlegenden, sich auf Qualitätskonzepte beziehenden Begriffe (Deutsche Norm 1988).

1.2.2 Kernbereiche des Qualitätsmanagements

Die dargestellten Kernbereiche müssen als bereichsübergreifende Elemente verstanden werden, denen dann bereichs- bzw. funktionsinterne Elemente zuzuordnen sind (Abb. 3).

1.2.3 Firmenspezifisches Qualitätssicherungs-Handbuch

Ausgehend von den gesetzlichen Anforderungen, den Marktbedürfnissen und der Qualitätsposition, die ein Unternehmen entsprechend seiner Unternehmenspolitik am Markt einnimmt oder einnehmen will, sind die Maßnahmen, die zur Erreichung und zur Erhaltung der Qualitätsziele notwendig sind, in Form von Richtlinien darzustellen. Es ist naheliegend, daß diese qualitätspolitischen Richtlinien von der Unternehmensleitung kommen müssen, da sie eine wesentliche Bestimmungsgröße für Umfang und Niveau eines Qualitätssicherungssystems sind.

Das Qualitätsziel eines Unternehmens kann allerdings nur erreicht werden, wenn alle Unternehmensbereiche (Einkauf, Ent-

Oberste Leitung
Grundlagen: EN 29001<2,3>(DIN ISO 9001<2,3>)
- Festlegung und Verantwortung der Qualitätspolitik
- Bereitstellung von Mitteln und Personal
- Festlegung von Kompetenzen
- Periodische Bewertung des QS-Systems

Entwicklung / Design
Grundlage: EN 29001 (DIN ISO 9001)
- QS beginnend beim Produktkonzept (Marketing)
- QS bei Produkt- und Technologieentwicklung

Einkauf / Beschaffung
Grundlagen: EN 29001<2>(DIN ISO 9001<2>)
- Spezifizierte Rohwaren und Packstoffe
- Einkaufs-/Beschaffungsspezifikationen
- Qualitätsfähiger Lieferant bzw. Lohnfabrikant
- GHP-gerechte technische Einrichtungen

Produktion
Grundlagen: EN 29001<2>(DIN ISO 9001<2>)
- Verfahren und Prozesse
- Gute Herstellungs- und Hygienepraxis
- HACCP-(Hazard Analysis Critical Control Point) Konzepte
- Abfüllen und Verpacken

Endprüfung "Analytik, Sensorik, Mikrobiologie"
Grundlage: EN 29001<2,3>(DIN ISO 9001<2,3>)
- Festlegung von Prozeßkontrollen gemäß HACCP
- Probenahme- und Untersuchungspläne
- Spezifikationen Rohstoffe und Packmaterialien
- Annahme- und Ablehnungsentscheide (Kriterien)
- Prüfmittelüberwachung

Distribution / Kundendienst
Grundlagen: EN 29001<2,3>(DIN ISO 9001<2,3>)
- Verpackungs-, Schutz- und Kennzeichnungselemente
- Lager- und Versandwesen
- Produkt-Rückruf-Konzept

Abb. 3. Kernbereiche des Qualitätsmanagements

wicklung, Produktion, Marketing, Lager- und Versandwesen), die an dem Zustandekommen dieses Zieles mitwirken, sinnvoll zusammenarbeiten. Qualitätssicherung ist eine interdisziplinäre Aufgabe und erfordert die Mitarbeit fast aller Unternehmensbereiche. Die Verantwortung für Qualität und Qualitätssicherungsmaßnahmen liegt daher keinesfalls nur bei dem einen Bereich Qualitätssicherung.

In einem *Qualitätssicherungs-Handbuch* (QS-Handbuch) dokumentiert ein Unternehmen seine Qualitätssicherungssysteme (IST-Zustand) und deren Aktivitäten sowie die zur Anwendung der Systeme notwendigen Hilfsmittel wie Methoden, Normen, Spezifikationen, Anweisungen und Verantwortlichkeiten. Weiter muß beachtet werden:

- Das QS-Handbuch muß firmenspezifisch sein und bezüglich Struktur, Gliederung und Inhalt dem jeweiligen Stand der Technik und des Wissens entsprechen.
- Die an das eigene QS-System gestellten Anforderungen müssen im Vergleich mit denjenigen anderer Firmen genügend hoch sein.

Die Grundelemente des Qualitätssicherungs-Handbuches ergeben sich aus dem Normenwerk DIN ISO 9000 ff. (EN 29000 ff.).

Das für die Zertifizierung notwendige QS-Handbuch überzeugt außerdem

- die Handelspartner,
- das für das Unternehmen zuständige Chemische Untersuchungsamt,
- den Versicherungsgeber für Produkthaftpflichtrisiken,

da es über die konsequente Einstellung des Managements Auskunft gibt.

Nun ist allerdings mit dem Ausarbeiten und Einführen des QS-Handbuches allein nicht zu erwarten, daß damit die wesentlichste Voraussetzung zur Sicherung der Qualität geschaffen ist. Die leitenden Bereiche müssen sich darüber im klaren sein, daß es sich beim QS-Handbuch lediglich um die Schaffung einer Bezugsgrundlage für die Führungsebene handelt, in der die unternehmenspolitischen Qualitätszielsetzungen lesbar gemacht werden. Den nachgeordneten Verfahrens- und Arbeitsanweisungen – also den Durchführungsbestimmungen zu den Regeln des QS-Handbuches – kommt letztendlich die für die Effektivität des Qualitätssicherungssystems maßgebende Bedeutung zu (Abb. 4).

Abb. 4. Das Haus der Qualität

Bei sorgsamer und gewissenhafter Erarbeitung, inklusive Nennung der Verantwortlichen für die Einhaltung dieser Anweisungen, erweist sich das Qualitätssicherungs-Handbuch als praktisch von selbst. Verfahrens- und Arbeitsanweisungen, Gute Herstellungs-Praxis und HACCP-Konzepte bilden somit das Fundament und die tragenden Säulen, das QS-Handbuch lediglich das Dach.

Spezielle QS-Handbücher für die Lebensmittelindustrie sind vom Bund für Lebensmittelrecht und Lebensmittelkunde (BLL) und von der Föderation der Schweizerischen Nahrungsmittelindustrien (FIAL) herausgegeben worden.

1.2.4 Präventive und operative Qualitätsstrategie

Die effektive Qualitätssicherung muß auf zwei Säulen ruhen: der *präventiven* (vorbeugenden) mit dem Ziel das Entstehen von Qualitätsmängeln bereits *vor* Serienanlauf zu verhindern und der *operativen* prozeßbegleitenden Sicherung. Nur so kann eine Qualitätsbeherrschung erreicht werden.

14 Qualitätsstrategien

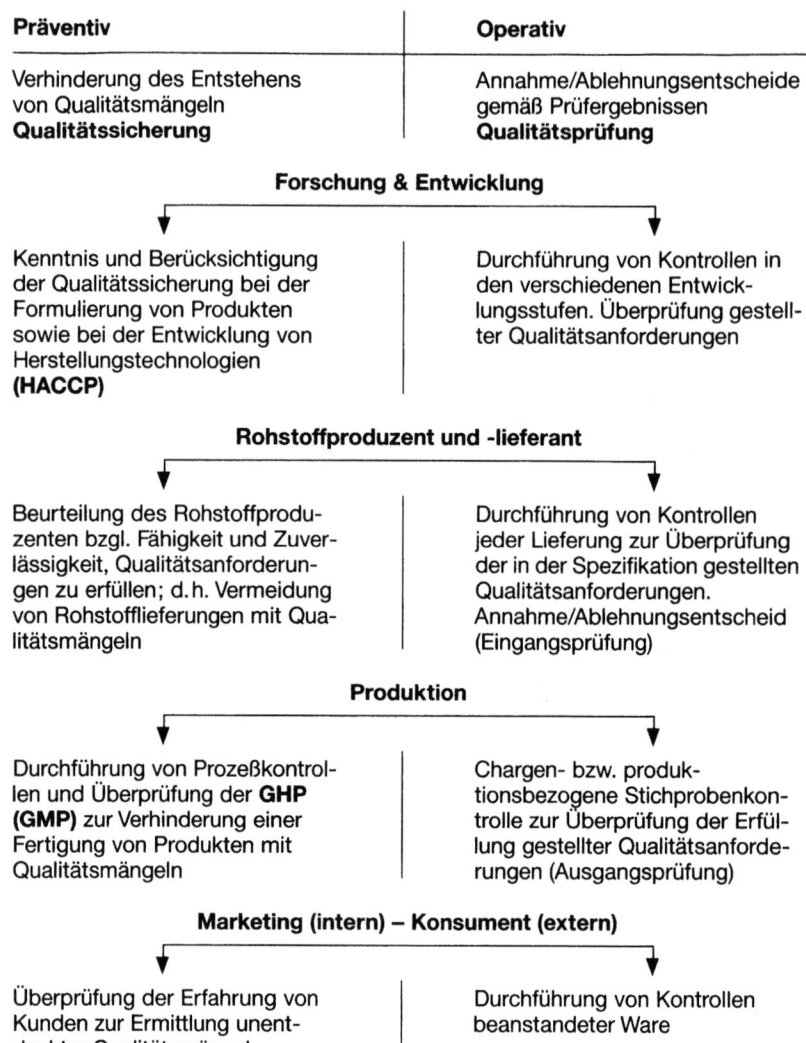

Die nachstehenden Abb. 5 und Abb. 6 zeigen – vereinfacht dargestellt – die bereichsübergreifenden Maßnahmen in einem Unternehmen.

Normiertes Qualitätssicherungssystem

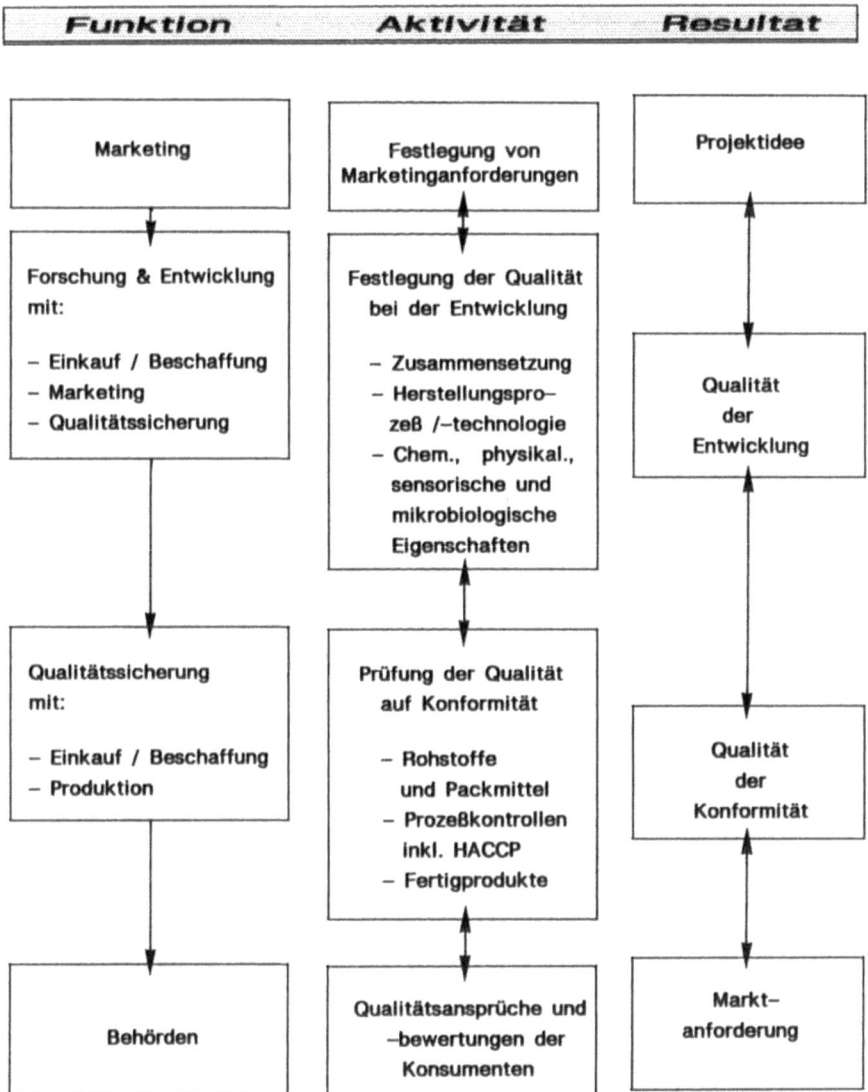

Abb. 5. Funktionen und deren Aktivitäten mit der Zielsetzung der Qualitätsbeherrschung

16 Qualitätsstrategien

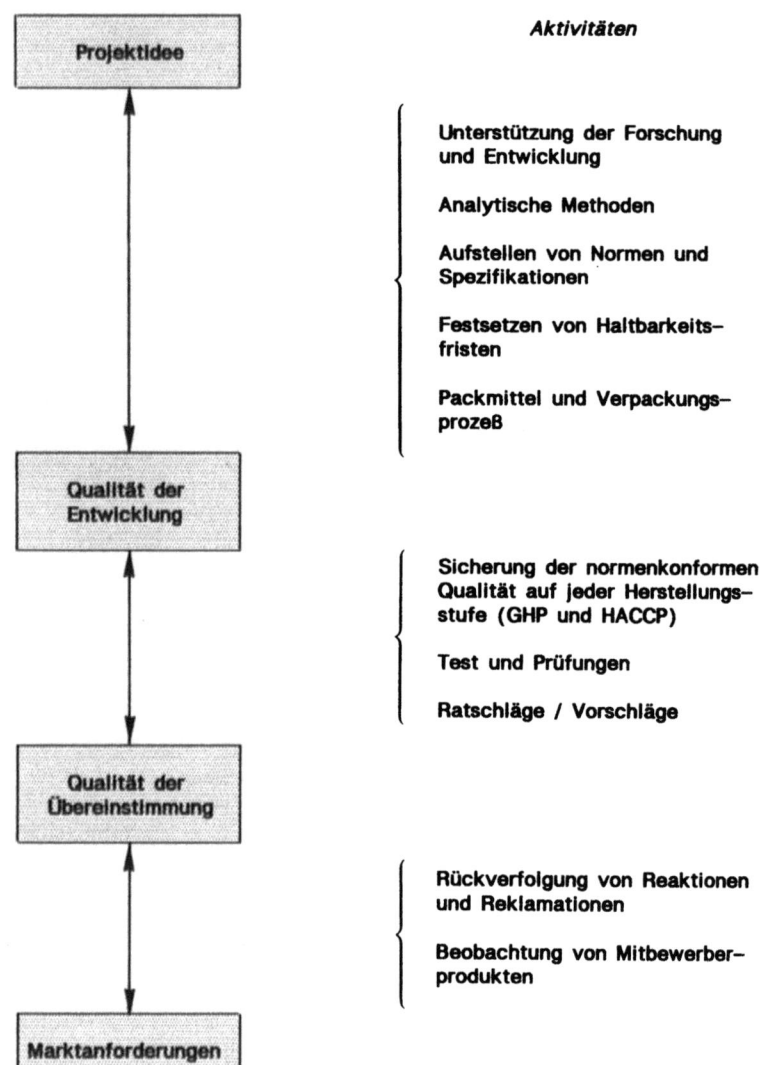

Abb. 6. Aktivitäten und Resultate der Qualitätssicherung

1.2.5 Unternehmenseigenes Qualitätssicherungssystem – amtliche Lebensmittelüberwachung

Gemäß Artikel 1 der Richtlinie des Rates 89/397/EWG vom 14. Juni 1989 über die amtliche Lebensmittelüberwachung (Amtsbl. der Europäischen Gemeinschaften Nr. L 186/23) sind Gegenstand der Überwachung und damit Gegenstand der Qualitätssicherung

- Lebensmittel;
- Lebensmittelzusätze, Vitamine, Mineralsalze, Spurenelemente und andere Zusatzstoffe, die als solche zum Verkauf bestimmt sind;
- Materialien und Gegenstände, die dazu bestimmt sind, mit Lebensmitteln in Berührung zu kommen.

Die Qualitätssicherung muß den Vorschriften entsprechen, die den Schutz der Gesundheit, die Sicherstellung eines redlichen Handelsverkehrs oder den Schutz der Verbraucherinteressen bezwecken, einschließlich der Vorschriften über die Information der Verbraucher.

Nach Artikel 5, Abs. 5 der Richtlinie erstreckt sich die amtliche Lebensmittelüberwachung u. a. auf das unternehmenseigene Kontrollsystem – sofern vom Hersteller eingerichtet – und die damit erzielten Ergebnisse. Das schließt die Prüfung der Schrift- und Datenträger mit ein. Keinesfalls darf allerdings daraus geschlossen werden, daß die amtliche Lebensmittelüberwachung bei einem qualitätsorganisierten Unternehmen, d. h. falls dieses ein QS-System nach DIN ISO 9000 ff. eingerichtet hat, völlig eingestellt wird. Sie wird sich allerdings in ihrer Art verändern (Emde 1992).

Da die amtliche Lebensmittelüberwachung nicht nur aus Inspektionen und Probenerhebung und deren Analyse besteht, sondern auch rechtliche Verstöße aufzudecken, zu tadeln oder gar zu ahnden hat und sogar Maßnahmen zur Unterbindung von Verstößen einleiten muß, kommt dem unternehmenseigenen Qualitätssicherungssystem eine erhebliche Bedeutung zu. Die strafrechtliche Ahndung eines Verstoßes setzt auch die Prüfung des individuellen Schuldvorwurfes voraus, bei der alle Umstände berücksichtigt werden müssen, die den Betroffenen entlasten können.

Aus diesem Grund wird ein beweiskräftiges Qualitätssicherungssystem, das auf den Schutz des Verbrauchers vor gesundheitlichen Beeinträchtigungen (§ 8 LMBG) und vor Täuschung (§ 17 LMBG) ausgerichtet ist, zusätzlich zu den ökonomischen Vorteilen, die unternehmerische Sorgfaltspflicht dokumentieren. In diesem Zusammenhang ist insbesondere ein installiertes HACCP-Konzept zu erwähnen sowie die Handhabung des redlichen Handelsbrauches.

Ein normenkonformes Qualitätssicherungssystem entspricht dem Stand der Technik; somit ist dessen Einführung kein besonders hervorzuhebendes Leistungsmerkmal eines Unternehmens. Ein installiertes QS-System ist lediglich die Erfüllung einer Minimalanforderung, um Schäden jeglicher Art für den Kunden bereits im Vorfeld abzuwenden.

Daraus könnte gefolgert werden, daß ein Unternehmen, das Produkte in Verkehr bringt, zur Errichtung eines Qualitätssicherungssystems verpflichtet sei, sofern es sich nicht dem Vorwurf einer schuldhaften Sorgfaltspflichtverletzung ausgesetzt sehen will. Ist ein Qualitätssicherungs-System lückenhaft dokumentiert, so muß die amtliche Lebensmittelüberwachung anderweitig prüfen, ob eine Normenkonformität der hergestellten Lebensmittel gewährleistet ist.

Unternehmer, die meinen, die für ein unternehmensspezifisches QS-System erforderlichen Investitionskosten nicht aufbringen zu können, wären besser beraten, ihre Unternehmung gar nicht erst aufzunehmen (Gorny 1992).

2 Gute Herstellungspraxis (GHP)

2.1 GHP – Grundsätze zur Qualitätssicherung

Die schriftlich fixierte „Gute Herstellungspraxis GHP" (engl: „Good Manufacturing Practice, GMP[1]) ist im wesentlichen als *Betriebsverordnung* des Bereichsleiters der Produktion zu verstehen. In dieser betriebsinternen Richtlinie dokumentiert sich die Produktion in Bezug auf ihr Umfeld wie Ausgangsmaterialien (Roh- und Packstoffe), Spezifikationen, Lagerbedingungen, Bewertung und Überwachung, Fabrikationsanlagen und deren Technologien, Abfüllung, Verpackung und Kennzeichnung, Betriebs- und Personalhygiene inkl. Reinigung und Desinfektion sowie Entsorgungsmaßnahmen, Qualitätsüberwachung, Lagerung von Fertigwaren, Behandlung zurückgewiesener Chargen, Personalschulung und Motivation.

GHP heißt: Gute, bewährte und anerkannte Verfahren gemäß dem Stand der Wissenschaft und Technik bei der Herstellung anwenden und dokumentieren. Die innerbetriebliche GHP-Richtlinie muß jederzeit auf ihre Effizienz und Schlüssigkeit hin überprüfbar sein. Die Richtlinie beinhaltet also wesentlich mehr, als lediglich das Augenmerk auf die mikrobiologisch-hygienischen Belange zu lenken.

„Von Regeln der Guten Herstellungspraxis wird zwar häufig gesprochen, aber keiner weiß, welchen konkreten Inhalt sie haben und welche Wirkung ihnen beizulegen wäre" (Gorny 1990). Die nachstehende „GHP" soll bei der Erarbeitung einer eigenen betriebsspezifischen Richtlinie als Hilfestellung dienen.

---

[1] Unter dem Begriff GMP wurden von der WHO bereits 1968 Grundregeln zur Herstellung von Arzneimitteln und zur Sicherung ihrer Qualität bekanntgegeben, die im wesentlichen als PharmBetrV vom 8. März 1985 in geltendes Recht umgesetzt wurden (Bundesgesetzblatt 1985, Teil I, 548–551). Vergl. dazu auch Oeser, W., Sander, A. (1988) Pharmabetriebsverordnung – Grundregeln für die Herstellung von Arzneimitteln (GMP). Wissenschaftliche Verlagsgesellschaft Stuttgart.

Unter GHP versteht man die Beherrschung aller Stufen des Herstellern und Behandelns eines Lebensmittels, die die normenkonforme Qualität ausmachen, also eine Festlegung und Beschreibung von guten Herstellungs- und Prüfverfahren, die das Erreichen einer vorgegebenen Qualität gewährleisten. Die Anwendung der Guten Herstellungspraxis ist somit ein Erfordernis, das Maßstab beim Herstellen, Behandeln und In-Verkehr-Bringen von Lebensmitteln sein muß und beschreibt damit Aspekte der lebensmittelrechtlichen Sorgfaltspflicht.

Die GHP-Richtlinien beinhalten somit die grundsätzlichen Maßnahmen zur Qualitätssicherung bei der Beschaffung von Ausgangsmaterialien, bei der Fabrikation, Musterprüfung, Lagerung und Verteilung der Produkte.

Sie lassen sich außerdem auch beratend einsetzen für:

- Einkauf
- Lageradministration
- Entwicklung
- Distribution
- Krisenmanagement.

Die GHP-Richtlinien sind verbindlich für den Produktionsbereich. Ergänzend zu den GHP-Richtlinien sind von den Stellen Einkauf, Fabrikation, Verpackung, Lagerung, Qualitätsprüfung und Distribution die notwendigen Vorschriften (Detailregelungen, Verfahren etc.) aufzustellen.

Diese Richtlinie ist eine Voraussetzung, um die „Unternehmens-Politik Qualitätssicherung" zu erfüllen und ist somit von der Geschäftsleitung zu genehmigen.

2.1.1 Einhaltung der GHP

Die allgemeine Verantwortung für die integrierte Qualitätssicherung und deren Umsetzung liegt grundsätzlich bei der Geschäftsleitung.

In den einzelnen Bereichen Einkauf, Entwicklung, Qualitätsprüfung, Produktion, Lager und Vertrieb sind die zuständigen Bereichs- bzw. Abteilungsleiter für die Einhaltung der GHP verantwortlich.

Die Einhaltung der GHP-Richtlinien sind durch interne Inspektionen (Audits) zu überwachen.

Verantwortlich für die internen Inspektionen ist der Leiter Qualitätssicherung sowie der entsprechende Bereichs- bzw. Abteilungsleiter.

2.1.2 Qualitätsprüfungssystem

Die Funktion Qualitätsprüfung – sie versteht sich innerhalb der GHP als eine Servicefunktion – unterliegt dem Verantwortungsbereich der Geschäftsleitung und hat folgende Aufgaben:

- Information der übrigen an der Qualitätssicherung beteiligten Unternehmensbereiche über externe Anforderungen, wie sie sich aus der Entwicklung der Technik, den behördlichen und globalen Anforderungen ergeben
- Festlegung und Abgabe der internen GHP-Richtlinien für alle beteiligten Bereiche
- Koordination komplexer Sicherungsmaßnahmen, z. B.:
  - Änderung der Herstellungsverfahren und Spezifikationen
  - Einbezug von Garantien bzgl. Qualitätssicherung in Verträgen mit Lieferanten und Lohnfabrikanten
  - Fachliche Erledigung von externen Qualitätsbeanstandungen
  - Unterstützende In-Prozeß-Kontrollen (IPK) im Procedere für die Freigabe der Fabrikations-Chargen
  - Überwachung der Stabilität der Erzeugnisse
  - Überwachung der Durchführung der Sicherungsmaßnahmen in allen beteiligten Bereichen (s. interne Inspektion)
  - Koordination der Qualitätssicherung bei Lohnfabrikanten
  - Mitwirkung bei der Festlegung der verbindlichen Norm bei Entwicklungsprojekten

In Bezug auf die Musterprüfung und Freigabe:

- Sperre- und Entscheidkennzeichnung
- Musterzug (delegiert an Produktion unter Regie QS)
- Musterprüfung
- Chargenfreigabe
- Erstellen von Prüfzertifikaten für externe Empfänger

Zur Erfüllung ihrer Aufgaben müssen der Funktion Qualitätsprüfung für die Überwachung der integrierten Qualitätssicherung entsprechend ausgebildete Fachleute und für die Musterprüfung und Freigabe ein zweckmäßig ausgerüstetes und mit einer genügenden Anzahl von Fachleuten dotiertes Labor zur Verfügung stehen. Die Funktion „Qualitätsprüfung" muß der Geschäftsleitung direkt unterstellt sein.

2.2 Rohstoffe

2.2.1 Beschaffung und Wareneingang

2.2.1.1 Geltungsbereich

Die vorliegende Richtlinie gilt für Rohstoffe, die als Ausgangsprodukte für die Herstellung von Lebensmitteln bestimmt sind.

2.2.1.2 Bestellung von Rohstoffen

Die Musterprüfung beim Wareneingang ist nur dann aussagekräftig, wenn das/die geprüfte(n) Muster den betreffenden Warenposten repräsentiert(en). Dies setzt voraus, daß die fragliche Produktmenge homogen ist.

Homogene Chargen entstammen Produktionsabschnitten, die nach technologischem Ablauf und Rohstoffeinsatz als zusammenhängend gelten können. Die Losgrößen dürfen dabei durch keine fabrikationstechnischen Maßnahmen wie zum Beispiel Maschinenstillstand auf Grund von Reinigungsmaßnahmen, längerem Schichtwechsel o.ä. unterbrochen sein.

Ist Homogenität nicht gegeben, so hat die Eingangsanalyse nur symbolischen Charakter und ist praktisch wertlos.
Insbesondere können sich u.U. mikrobiologische Probleme hinter der Anforderung Homogenität verbergen (näheres bei Pichhardt, 1993). Bei der Auswahl der Lieferanten und bei Verhandlungen mit ihnen ist ihre GHP daher zwingend zu berücksichtigen. Durch akkreditierte Stellen (im Sinne des globalen Konzeptes) zertifizierten Herstellern ist Vorrang einzuräumen.
Es ist erforderlich, daß die Beschaffungsstelle (Einkauf) Rohstoffe von auswärtigen Lieferanten unter strikter Beachtung folgender Bedingungen beschafft:

- Kennzeichnung der einzelnen Chargen auf den Liefergebinden
- Absprache und Dokumentation der Spezifikation und zugehöriger Prüfvorschrift
- Absprache und Dokumentation zuordnungsfähiger Beschriftungen auf den Gebinden

Folgende Daten sind auf der Außenwand eines jeden Gebindes (nicht auf dem Deckel), bei doppelter Verpackung auch auf dem Innensack, anzubringen:

- Eindeutige Bezeichnung des Rohstoffes
- Herkunft (Name des Herstellers und somit des Qualitätsverantwortlichen – die ausschließliche Angabe eines Händlers oder einer Handelsorganisation ist unzureichend und kann nicht geduldet werden)
- Chargenbezeichnung
- Brutto-/Nettogewicht

Der Lieferant hat die vereinbarten Spezifikationen zu garantieren, d. h. ein Spezifikationsdatenblatt ist vom Lieferanten zu visieren. Der Lieferant hat auf spezielle Lagerbedingungen und evtl. kürzere Aufbrauchfristen aufmerksam zu machen.

Im Interesse einer konstanten Qualität der Produkte sollen Lieferanten, die sich als zuverlässig bewährt haben, so lange wie möglich beibehalten werden (Aufbau und Pflege eines Vertrauensverhältnisses).

2.2.1.3 Wareneingang

Eingehende Rohstoffe sind an die zuständigen Lager zu spedieren.

2.2.1.4 Warenannahme (Eingangsprüfung I)

Anläßlich der Warenannahme ist eine erste Kontrolle durchzuführen, wofür die entsprechende Annahmestelle verantwortlich ist.

Diese an jeder Lieferung vorzunehmende Kontrolle umfaßt folgende Kriterien:

- Vergleich mit den Angaben der Ablieferungspapiere (Beschriftung, Gewicht, Anzahl der Gebinde)
- Zustand der Paletten (Nahrungsmittelkonform)
- äußerer Hygienezustand der Gebinde

Bei groben Mängeln kann eine Lieferung zurückgewiesen werden, ohne daß eine Analyse durchgeführt wird. Kleinere Mängel sind dem Musterzugspersonal zu melden.
- Charakterisierung der eingehenden Rohstoff-Lieferungen:
  Jede eingehende Rohstofflieferung ist lieferweise, wenn möglich chargenweise (Charge des Herstellers) so zu charakterisieren, daß sie jederzeit eindeutig identifiziert werden kann.
- Dokumentation:
  Über eingehende Rohstoff-Lieferungen sind Dokumentationen zu führen (Einzelheiten siehe 2.7 Lager).
- Lagerung:
  Vom Eingang ins Lager bis zur Freigabe sind die Rohstoffe zu sperren. (Für die Lagerung von Rohstoffen siehe 2.7 Lager).

2.2.2 Qualitätsprüfung

2.2.2.1 Prüfung, Umfang, Verantwortung

Die Qualitätsprüfung von Rohstoffen umfaßt nachstehende Maßnahmen:

- Eingangsprüfung I
- Eingangsprüfung II
- Musterprüfung und Analysenbefund

Die Resultate dieser Kontrolle dienen als Unterlage für den Freigabeentscheid.

Die Qualitätsprüfung muß grundsätzlich an jeder einzelnen Lieferung bzw. Charge separat durchgeführt werden. Für die Durchführung der Eingangsprüfung II, des *Musterzugs* und der Musterprüfung für alle Produkte der Liste Rohstoffe, zeichnet die Qualitätsprüfung verantwortlich. Der *Musterzug* wird unter Autorität der Abteilung Qualitätsprüfung durch geschultes Lagerpersonal wahrgenommen. Die Bemusterungspläne sind in den Laborhandbüchern festgeschrieben.

2.2.2.2 Eingangsprüfung II

Es gehört zu den Aufgaben der Musterzieher, Gebinde auf ihren äußeren Zustand und auf ihre Beschriftung zu prüfen. Beobachtungen von offenkundiger Uneinheitlichkeit der Gebindeinhalte in Bezug auf Ausschau oder Geruch sind der Abteilung Qualitätsprüfung unverzüglich zu melden.

2.2.2.3 Musterzug

Zweck des Musterzugs ist die Bereitstellung repräsentativer Muster einer Charge oder Lieferung für die Musterprüfung. Für die Technik des Musterziehens muß eine detaillierte Vorschrift zur Verfügung stehen. Für die Musterprüfung einer Charge sind nach einem für jedes Produkt bzw. Produktgruppen festgelegten Musterzugsplan Analysenmuster zu entnehmen.

2.2.2.4 Musterprüfung

Zweck der Analysen ist die Prüfung von Rohstoffmustern auf Übereinstimmung mit der Spezifikation. Für jeden Rohstoff[2], der nach abgeschlossener Produktentwicklung in der Routineproduktion eingesetzt wird, muß eine ratifizierte Spezifikation vorhanden sein.

Die Spezifikation umfaßt Qualitätsmerkmale, die so ausgewählt sein müssen, daß damit die Identität und je nach Verwendungszweck auch der Gehalt, z.B. an kalorischen Nährstoffen, evtl. physikalischen Merkmalen oder der mikrobiologische Status eindeutig festgelegt ist.

Den Prüfvorschriften müssen dem Zweck entsprechende Prüfmethoden zu Grunde liegen.

Für die Prüfung jedes Qualitätsmerkmals muß die zugehörige Arbeitsmethode schriftlich fixiert sein (Prüfvorschrift). Prüfvorschriften sind verbindlich zu befolgen. Die Auswahl der durchzuführenden Tests muß geregelt sein.

Eine zusammenfassende Beurteilung der Prüfresultate ist die Voraussetzung zur Freigabe bzw. Ablehnung.

---

2 Rohstoffe im reinen Entwicklungsbereich sind im Handbuch der Abt. „Entwicklung" abzuhandeln.

2.2.2.5 Dokumentation der Musterprüfung

Zur Analysendokumentation gehören *alle* Labordatenaufzeichnungen (auch Urschriften), das EDV-„Journal", und die Rückstellmuster.

Auf jedem Dokument ist die entsprechende Rohstofflieferung oder -charge in eindeutiger Weise anzugeben. Über die Durchführung sämtlicher Tests einer Analyse sind detaillierte Laborjournale zu führen – (inkl. Datum der Durchführung); die Aufbewahrungsfrist für Laborjournale beträgt 10 Jahre.

Die folgenden Informationen sind festzuhalten:

– Angabe der angewandten Kontrollvorschrift
– Resultate der durchgeführten Tests mit Gegenüberstellung von Resultat und Anforderung
– Analysenbefund mit Visum der für die Analyse verantwortlichen Person
– Datum des Entscheids

Von jeder analysierten Rohstoffcharge ist eine bestimmte Menge repräsentativer Substanz als Rückhaltemuster aufzubewahren. Diese muß ausreichen, um die Analysenresultate zu verifizieren. Die Größe des Rückhaltemusters ist auf Grund des Analysenumfanges produktweise festzulegen. Ebenso muß die Kompetenz, über die Rückhaltemuster zu verfügen, geregelt sein.

Die Aufbewahrungsfrist für Rückhaltemuster beträgt je nach praktischen Gesichtspunkten 1–2 Jahre.

Stoffe mit beschränkter Stabilität (namentliche Nennung erforderlich) können vor Ablauf der vollen Aufbewahrungsfrist liquidiert oder von der Aufbewahrungsfrist ganz befreit werden. Die Verantwortung für die sinnvolle Handhabung solcher Ausnahmen liegt beim verantwortlichen Vorgesetzten des Rückhaltemusterlagers.

Resultate von Nachanalysen gehören zur Analysendokumentation der betreffenden Charge oder Lieferung. Die Lagervorschriften sind auch für Rückhaltemuster zu beachten.

2.2.3 Freigabe

2.2.3.1 Freigabeentscheid – Freigabekompetenz

Für sämtliche Rohstoffe ist pro Charge, allenfalls pro Lieferung, ein Freigabeentscheid zu treffen. Dem Freigabeentscheid sind die Resultate der eigenen Qualitätsprüfung und/oder Analysenzertifikate des Herstellers zu Grunde zu legen. Bei Analysenzertifikaten muß durch ein Audit sichergestellt sein, daß Herstellerzertifikate mindestens den eigenen Qualitätskontrollprüfungen gleichgestellt sind.

Der Entscheid zur Freigabe ist bei Rohstoffen in allen Fällen von einer kompetenten Person des Prüflabors zu treffen.

Der Freigabeentscheid kann für die weitere Verwendung des Produktes gewisse Einschränkungen (Vorbehalte) beinhalten. Es ist dann sicherzustellen, daß diese Vorbehalte der für die Annahme oder Verarbeitung der Produkte unmittelbar verantwortlichen Person zur Kenntnis gelangen.

Die provisorische Freigabe eines Rohstoffes vor Abschluß der Kontrollprüfung kann in Ausnahmefällen auf Veranlassung und Verantwortung der Produktionsleitung unter Meldung an die Freigabe-Instanz vorgenommen werden, wenn ein positiver Identitätsbefund vorliegt. Die daraus hergestellten Endprodukte müssen solange unter Quarantäne gehalten werden, bis feststeht, daß die eingesetzte Rohstoffcharge nachträglich für die Fabrikation definitiv freigegeben wurde.

2.2.3.2 Dokumentation der Freigabeentscheide

Der Freigabeentscheid ist schriftlich festzuhalten. Für Entscheide in Zweifelsfällen ist weiterhin eine ausreichende Begründung zu erstellen und aufzubewahren; die Aufbewahrungsfrist beträgt 10 Jahre.

2.2.3.3 Zuordnungsfähige Kennzeichnung der Freigabeentscheide

– Gebinde, Paletten oder Sendungen mit einem Rohstoff, welcher gesperrt ist, sind mit einem roten Etikett zu kennzeichnen.

Bedeutung eines *roten Etiketts:* Der Inhalt der betreffenden Gebinde ist für die Verwendung *gesperrt!*
Im Etikettentext ist dies mit dem Stichwort „gesperrt" anzuzeigen.
– Gebinde, Paletten oder Sendungen mit einem Rohstoff, welcher auf Grund eines Freigabeentscheids freigegeben ist, sind mit einem grünen Etikett zu kennzeichnen.
Bedeutung eines *grünen Etiketts:* Der Inhalt der betreffenden Gebinde ist für die Verwendung *freigegeben!*
Im Etikettentext ist dies mit dem Stichwort „frei" anzugeben.

2.3 Packmittel

2.3.1 Beschaffung und Wareneingang

2.3.1.1 Geltungsbereich

Die vorliegende Richtlinie gilt für alle Verpackungselemente, die zur Verpackung von Produkten verwendet werden, also sowohl Primär- als auch Sekundärpackmittel.

2.3.1.2 Allgemeine Anforderungen an Packungselemente

Das Packmaterial muß für den vorgesehenen Verwendungszweck geeignet sein und einen genügenden Schutz der Produkte gegen äußere Einflüsse bieten.

Packungselemente, die zur Dosierung des Lebensmittels notwendig sind (z. B. Meßlöffel), müssen die erforderliche Dosiergenauigkeit ermöglichen.

Behältnisse für Lebensmittel müssen so beschaffen sein, daß die Produkte weder Schaden erleiden, noch mit dem Material der Behälter reagieren können.

Die verwendeten Materialien müssen ggf. eine antimikrobielle Behandlung gestatten.

Packmaterialien für verschiedene Lebensmittelprodukte und besonders für unterschiedliche Dosierungen und unterschiedliche Packungsinhalte sind beim gleichen Lebensmittel so zu konzipieren, daß die Gefahr einer Verwechslung von Packungselementen oder Fertigprodukten auf ein Minimum reduziert ist.

Für Packstoffe aus Kunststoff ist vom Packmittelhersteller zu bescheinigen, daß nur die Stoffe zur Herstellung der Packmittel verwendet wurden, die gemäß Liste Bedarfsgegenstände-VO vom 10. 4. 1992 (BGBl. I S. 866) zugelassen sind.

2.3.1.3 Beschaffung

Packmaterial sollte nur von solchen Lieferanten beschafft werden, deren Maßnahmen für die Qualitätssicherung bekannt sind. Dem Lieferanten sind die Anforderungen an die Qualität der Packungselemente vorzuschreiben (Verpackungs-Spezifikationen).

Für die Beschaffung von bedrucktem Packmaterial[3] muß von einer kompetenten Stelle und verantwortlichen Person ein vollständiges und verbindliches Manuskript (Reinzeichnung) in Übereinstimmung mit den behördlichen Anforderungen erstellt werden.

Das „*Frei zum Druck*" darf erst dann erteilt werden, wenn der druckreife Abzug anhand des gültigen Manuskriptes sorgfältig, ggf. durch zwei Personen, kontrolliert wurde.

2.3.1.4 Wareneingang

Eingehendes Packmaterial ist an das zuständige Lager zu liefern.

2.3.1.5 Warenannahme

Anläßlich der Warenannahme ist eine erste Kontrolle unter Verantwortung der entsprechenden Annahmestelle durchzuführen. Diese an jeder Lieferung vorzunehmende Kontrolle umfaßt folgende Kriterien:

- Vergleich mit den Angaben der Ablieferungspapiere (Anzahl, Beschriftung, Charakterisierung der Lieferung etc.)
- Zustand der Transportverpackung

Festgestellte Mängel sind der Abteilung Packmittelprüfung zu melden.

Lagerung:

- Vom Eingang ins Lager bis zum Freigabeentscheid sind Packmaterialien zu sperren
- Für die Lagerung der Packmaterialien gilt die Richtlinie unter 2.7

---

[3] Gemeint sind Packmaterialien mit lebensmittelrechtlichen Angaben, z.B. Nährstoffanalysen, Verkehrsbezeichnungen etc.

2.3.2 Qualitätsprüfung

2.3.2.1 Umfang und Verantwortung

Die Qualitätsprüfung von Packungselementen besteht aus der Kontrolle anläßlich der Warenannahme und der eigentlichen Musterprüfung. Die Qualitätsprüfung muß an jeder Lieferung eines Packungselements separat durchgeführt werden. Für die Durchführung von Musterzug und Musterprüfung bei Packmaterialien ist die Gruppe *Packmaterialprüfung* verantwortlich.

2.3.2.2 Musterzug und Prüfung

Zweck der Musterprüfung ist es, Packungselemente auf Übereinstimmung mit der Spezifikation hin zu kontrollieren.

Für jedes Packungselement muß eine Spezifikation vorhanden sein, welche sorgfältig ausgewählte Qualitätsmerkmale umfaßt, damit

– die Identität (Material, Text, Code, Druckmerkmale etc.)
– physikalische und chemische Eigenschaften,
– die Maßhaltigkeit und
– die Sauberkeit, evtl. der mikrobiologische Status

eindeutig festgestellt werden können.

Für die Prüfung eines Qualitätsmerkmals muß die zugehörige Testvorschrift schriftlich fixiert sein, welche bei der Packmaterial-Prüfung verbindlich zu befolgen ist. Die mit der Durchführung der Packmaterialprüfung betraute Stelle stellt für jede Lieferung die Resultate der Tests zusammen, auch wenn einzelne Tests, z. B. mikrobiologische, von anderen Stellen ausgeführt werden. Der Bemusterungsumfang ist im Handbuch Packmittelprüfung festzuhalten.

2.3.2.3 Dokumentation der Packmittelprüfung

Über die Qualitätsprüfung an jeder Lieferung muß eine Dokumentation erstellt werden, die Auskunft über die durchgeführten Tests gibt. Zur Dokumentation gehört die journalmäßige Aufzeichnung über die Durchführung der Tests und notwendige Rückhaltemuster.

– Die Aufzeichnungen sollen folgende Abschnitte umfassen:
  - Lieferung, evtl. Codierung
  - Angabe der angewandten Kontrollvorschrift
  - Resultate der durchgeführten Tests (wenn möglich oder sinnvoll mit Gegenüberstellung von Resultat zu Anforderung)
  - Befund mit Visum der/des Durchführenden

Die Aufbewahrungsfrist beträgt 10 Jahre.

2.3.3 Freigabe

2.3.3.1 Freigabeentscheid und Freigabekompetenz

Für sämtliche Packungselemente, die im Betrieb eingesetzt werden, ist pro Lieferung ein Freigabeentscheid zu treffen. Dem Freigabeentscheid sind die Resultate der Qualitätsprüfung zu Grunde zu legen, wobei der Entscheid durch eine kompetente Person zu treffen ist. Entscheide in Zweifels- oder Grenzfällen müssen mit den betroffenen Bereichen abgesprochen sein.

Der Freigabeentscheid kann für die weitere Verwendung des Packungselements gewisse Einschränkungen (Vorbehalte) beinhalten. Es ist dann sicherzustellen, daß diese Vorbehalte der für die Annahme oder Verarbeitung des Packmittels unmittelbar verantwortlichen Person bekannt gemacht werden.

2.3.3.2 Dokumentation der Freigabeentscheide

Der Freigabeentscheid ist schriftlich festzuhalten. Für Entscheide in Zweifelsfällen ist weiterhin eine ausreichende Begründung zu erstellen und aufzubewahren. (Die Aufbewahrungsfrist beträgt 10 Jahre).

2.3.3.3 Kennzeichnung von Sperre, Freigabe und Rückweisung

Es müssen zweckmäßig Maßnahmen getroffen werden, die sicherstellen, daß

– Lieferungen, die gesperrt sind, nicht für die Konfektionierung (Verpackung) verwendet werden;

- ausschließlich freigegebene Packmaterialien eingesetzt werden;
- zurückgewiesene Lieferungen auch tatsächlich retourniert werden.

2.4 Produktion

2.4.1 Herstellung

2.4.1.1 Geltungsbereich

Sämtliche Produktionsvorgänge, die in der Folge zu einem Lebensmittel führen, fallen unter die vorliegende Richtlinie.

2.4.1.2 Gebäude und Räumlichkeiten

Für Gebäude und Räumlichkeiten gelten die allgemeinen Anforderungen der Richtlinie unter 2.5.

2.4.1.3 Apparate, Einrichtungen und Behälter

Allgemein gilt die Richtlinie unter Abschnitt 2.6. Apparate, Einrichtungen und Behälter müssen vor jedem Produktwechsel gereinigt werden bzw. gereinigt sein. Für die Durchführung der Reinigung müssen schriftliche Anweisungen vorhanden sein.

Durchgeführte Reinigungsoperationen sind im Produktionsprotokoll oder in separaten Aufzeichnungen, die analog aufzubewahren sind, festzuhalten. Dort, wo eine Sauberkeitskontrolle vorgeschrieben ist, ist dieses analog zu dokumentieren.

Bei Anlagen und Einrichtungen für kontinuierliche Produktionen muß die Reinigung in solchen zeitlichen Abständen erfolgen, daß Verunreinigungen vermieden werden. Falls nötig, muß der mikrobiologische Reinheitsgrad von Oberflächen an Apparaten und Einrichtungen ebenfalls periodisch überwacht und durch geeignete Maßnahmen in festgelegten Grenzen gehalten werden.

Apparate, Einrichtungen und Behälter für die Produktion und Lagerung von Substanzen müssen so beschriftet sein, daß jederzeit Produktname, Auftrags- oder Chargennr., und ggf. weitere Angaben ersichtlich sind. Das gleiche gilt, falls notwendig und durchführbar, für Zuleitungen und Instrumente der Produktionsüberwachung.

Bevor eine neue Anlage für eine Operation verwendet wird, müssen alle Bezeichnungen, die von früheren Operationen stammen, ausgewechselt werden; bei Produktwechsel sind alle Beschriftungen zu erneuern.

Entscheidetiketten und Chargenbezeichnungen an Transportbehältern sind zu entfernen oder zu entwerten, sobald sie geleert sind. Die Produktbezeichnung wird entfernt, wenn der Behälter gereinigt ist. Bei Gebinden, die ausschließlich für ein bestimmtes Produkt verwendet werden, darf die Produktbezeichnung fest angebracht sein.

Wo nötig, muß die Funktionstüchtigkeit von Instrumenten für die automatische Überwachung und Steuerung von Operationen periodisch kontrolliert werden. Über Kontrollen und Revisionen sind Aufzeichnungen zu führen, die analog den Produktionsprotokollen aufzubewahren sind.

2.4.1.4 Personal

Es gelten die Anforderungen der Richtlinie unter Abschnitt 2.8. Die entscheidenden Phasen der Produktionsprozesse sind durch entsprechend qualifiziertes Personal auszuführen und zu überwachen.

2.4.1.5 Produktionsvorschrift

Für die Produktion und Handhabung der Produkte müssen schriftliche Anweisungen vorliegen (siehe Abschnitt 2.4.2). Produktionsvorschriften oder daraus abgeleitete Arbeitsaufträge, Kurzvorschriften etc. sind verbindlich zu befolgen.

2.4.1.6 In-Prozeß-Kontrollen (IPK) und HACCP

Zur Prozeß-Steuerung müssen die gemäß Abschnitt 2.4.3 notwendigen Prüfungen auf- und ausgeführt werden.

2.4.1.7 Produktionsprotokolle

Über die gesamte Produktion ist ein Protokoll zu führen (Umfang gemäß Abschnitt 2.4.4).

2.4.1.8 Ausgangsstoffe

Als Ausgangsstoffe dürfen nur solche Rohstoffe eingesetzt werden, die freigegeben sind. Rohstoffe und Zwischenprodukte müssen vor ihrem Einsatz in der Produktion anhand der Bezeichnung auf Übereinstimmung mit der Vorschrift überprüft werden.

2.4.1.9 Feststellung von Mängeln an freigegebenen Produkten (Chargen)

Werden in einem bereits freigegebenen Produkt irgendwelche Unregelmäßigkeiten oder Mängel bzgl. seiner Qualität festgestellt, so ist die Stelle, die diese Mängel entdeckt, verpflichtet, die fragliche Charge für die weitere Verwendung unverzüglich provisorisch zu sperren. Gleichzeitig muß dieser Vorgang derjenigen Stelle gemeldet werden, die das entsprechende Produkt freigegeben hat.

2.4.1.10 Vorübergehende Lagerung von Produkten in Betrieben

Eine übersichtliche Bereitstellung der für die Produktion notwendigen Rohstoffe, der Zwischenprodukte sowie Zusatzstoffe (Mineralstoffe, Vitamine, Aromen, Gewürze etc.) vor der Ablieferung an die Produktion muß gewährleistet sein. Die Art der Bereitstellung darf zu keiner Verwechslung oder Verunreinigung führen. Besondere Vorschriften bzgl. Lagerbedingungen für Rohstoffe, Zwischenprodukte sowie Zusatzstoffe müssen auch in den Betrieben beachtet werden (z. B. Kühlung). Rohstoffe und wo nötig Zwischenprodukte müssen in *zugedeckten* Behältern aufbewahrt werden.

2.4.1.11 Verpackung von Zwischenprodukten

Zwischenprodukte müssen in Gebinden abgefüllt sein, die der Produktionsvorschrift entsprechen und die mit Produktname und -nummer und Datum der Herstellung bezeichnet sind. Diese Bezeichnungen sind außen anzubringen. Zusätzlich muß der Nettoinhalt vermerkt sein.

2.4.1.12 Umarbeitung von intern zurückgewiesenen Chargen und Retouren

Chargen, welche aus irgendeinem Grunde von der Qualitätsprüfung zurückgewiesen und dem Produktionsbetrieb zurückgegeben werden, dürfen nur nach Umarbeitung wieder abgeliefert werden.

Falls die Identität solcher Chargen nicht eindeutig feststeht, oder die Produkte von außerhalb des GHP-Bereichs stammen, muß ihre Identität evtl. auch die Qualität durch spezifische Analysen (chemische, physikalische, mikrobiologische oder sensorische Analysen) sichergestellt sein, bevor sie mit Ansätzen der laufenden Produktion vereinigt werden.

Die Behandlung solcher Waren muß in den Produktionsprotokollen festgehalten werden.

2.4.2 Produktionsvorschriften

2.4.2.1 Definition

Unter dem Begriff „Produktionsvorschriften" sind sämtliche schriftliche Anweisungen für die Produktion und Handhabung der Produkte zu verstehen. Es ist nicht notwendig, sämtliche Vorschriften zu einem einzigen Dokument zusammenzufassen.

2.4.2.2 Inhalt

Jedes zu einer produktionsspezifischen Produktionsvorschrift gehörende Papier muß mit der intern (d.h. innerhalb des GHP-Bereichs) einheitlich verwendeten Bezeichnung im Produktecode gekennzeichnet sein.

Produktionsvorschriften müssen in ihrer Gesamtheit folgende Informationen enthalten:

- Angaben über einzusetzende Rohstoffe, nämlich eindeutige, intern einheitlich verwendete Umschreibungen der Qualitätsvarianten bzw. Bezeichnungen und Mengen der einzusetzenden Rohstoffe
- Angaben über die für den Herstellungsprozeß notwendigen Apparate und Einrichtungen
- Detaillierte Produktionsanleitungen für jeden Arbeitsvorgang
- Vorschriften für die In-Prozeß-Kontrolle (siehe Absatz 2.4.3)
- Vorschriften für die Verpackung der Produkte (Material, Säcke, Behälter, Verschlüsse)
- Vorschriften für die Lagerung der Produkte, wenn nötig auch der Zwischenprodukte und Rohstoffe (Richtlinie unter Abschnitt 2.7)
- Angaben über die Haltbarkeit der Produkte
- Vorsichts- und Hygienemaßnahmen zum Schutze des Personals und der Produkte.

2.4.2.3 Fabrikationsauftrag, Kurzvorschrift

Falls sich der Fabrikationsauftrag aus irgendeinem Grund nicht selbst als Arbeitsunterlage für die/den Ausführenden in der Produktion eignet, so muß ein separates Papier mit allen notwendigen Instruktionen erstellt werden (z.B. Palettierschein).

Fabrikationsaufträge oder Kurzvorschriften müssen von einer kompetenten Fachkraft erstellt sein, die die Verantwortung für die sinngemäße Übereinstimmung mit der Produktionsvorschrift trägt. In solchen Fabrikationsaufträgen oder Kurzvorschriften muß deutlich angegeben werden, auf welche Produktionsvorschrift sie sich beziehen (Rezepturnummer).

2.4.2.4 Kennzeichnung

Jedes Dokument, das zur Produktionsvorschrift im weiteren Sinn gehört oder als Fabrikationsauftrag bzw. Kurzvorschrift gilt, muß durch Titel und Datum oder andere Identifikationsmöglichkeiten so gekennzeichnet sein, daß in Produktionsprotokollen oder anderen Papieren auf einfache Weise darauf Bezug genommen werden kann.

2.4.2.5 Erstellung

Sämtliche Vorschriften, die als Produktionsvorschriften oder als Fabrikationsaufträge/Kurzvorschriften gelten, müssen von einer kompetenten Fachkraft erstellt sein.

Werden Arbeitsaufträge im Kopierverfahren erstellt, muß durch geeignete Maßnahmen sichergestellt sein, daß nur aktuelle, d. h. gültige Versionen erstellt werden können.

2.4.2.6 Anforderung an Produktionsvorschriften

Eine Produktionsvorschrift muß so ausgearbeitet und abgefaßt sein, daß nach ihr Produkte in konstanter, dem Prototyp und der Spezifikation entsprechender (normkonformer) Qualität hergestellt werden können.

2.4.2.7 Änderung von Produktionsvorschriften

Bei der Änderung von Produktionsvorschriften ist in jedem Fall sicherzustellen, daß dadurch keine für die Verwendung oder Prüfung des Rohstoffes maßgebende Eigenschaften in unerwünschtem Sinn beeinflußt werden.

2.4.2.8 Aufbewahrung

Wird eine Produktionsvorschrift oder ein Teil davon außer Kraft gesetzt, so ist sie als ungültig zu kennzeichnen und vom betreffenden Betrieb während weiterer 10 Jahre aufzubewahren; gleiches gilt für Fabrikationsaufträge und Kurzvorschriften.

2.4.3 In-Prozeß-Kontrollen (IPK) und HACCP

2.4.3.1 Allgemein

In-Prozeß-Kontrollen (IPK) und HACCP sind Prüfungen, die zur Prozeßsteuerung und zur begleitenden Qualitätssicherung „vor Ort" durchgeführt werden.

Messungen und Beobachtungen, die zur Prozeßüberwachung ausgeführt werden, die aber auf die weitere Verarbeitungsqualität keinen Einfluß haben, gelten nicht als IPK. Sie sind allerdings im Produktionsprotokoll festzuhalten (siehe 2.4.4).

2.4.3.2 Unterlagen und Spezifikationen

Die Vorschriften für die IPK müssen folgende Angaben enthalten:
- Liste der Qualitätsmerkmale, die zu prüfen sind
- Beschreibung der für die Durchführung der Tests anzuwendenden Arbeitsmethoden
- Richtlinien für die IPK- und HACCP-Entscheide (wenn immer möglich, durch definierte Limits für die einzelnen Qualitätsmerkmale)

2.4.3.3 Entscheide

Wenn die Produktionsvorschrift die Durchführung einer IPK oder HACCP verlangt, so darf das entsprechende Zwischenprodukt erst weiterverarbeitet werden, wenn ein Entscheid vorliegt.

Der Entscheid für die Weiterverarbeitung eines Zwischenproduktes liegt beim betreffenden Betriebsleiter, kann aber nach eindeutig umschriebenen Richtlinien delegiert werden.

2.4.3.4 Dokumentation

Die Resultate der IPK/HACCP und die Entscheide über die weitere Verwendung der Produkte sind Bestandteil des Produktionsprotokolls (mit Visa der(s) Ausführenden und der(s) Entscheidenden).

Substanzmuster sind dort, wo dies sinnvoll oder notwendig ist, solange aufzubewahren, bis für das Endprodukt der Freigabeentscheid der Qualitätskontrollabteilung vorliegt.

2.4.4 Produktionsprotokolle

2.4.4.1 Zweck

Zweck der Produktionsprotokolle ist die Dokumentation der Herstellungsgeschichte für jede Charge. Um den Gang der Produktion lückenlos rekonstruieren zu können, muß daher jedes Dokument sämtliche notwendigen Angaben enthalten. Produktionsprotokolle sind mindestens 10 Jahre aufzubewahren.

2.4.4.2 Umfang

Produktionsprotokolle müssen alle Phasen einer Produktion erfassen, insbesondere auch Vorgänge, die vom normalen Verfahren abweichen.

2.4.4.3 Inhalt

Produktionsprotokolle sollen folgende Angaben enthalten:
- Intern (d.h. innerhalb des GHP-Bereichs) einheitlich verwendete Bezeichnung zur eindeutigen Charakterisierung des Produktes im Produktecode
- Auftrags- und Chargennummer
- Herstellungsdatum; falls erforderlich auch Zeitangaben zur Charakterisierung der wesentlichen Arbeitsschritte
- Befolgte Produktionsvorschrift (Code, Datum oder andere Identifikation)
- Bezeichnung, Menge, Charge-, Liefer- und Analysenummer oder -datum aller eingesetzten Rohstoffe
- Eingesetzte Apparate
- Evtl. Angaben und Beobachtungen über alle wichtigen, insbesondere über die für die betreffende Produktion kritischen Arbeitsgänge und die Aufzeichnungen von automatischen Überwachungsgeräten
- Visa derjenigen Mitarbeiter(innen), welche Arbeitsgänge ausführen oder überwachen

Dort, wo die Ausführungen eines Arbeitsschrittes die Gegenwart von zwei Personen vorschreibt, müssen beide Ausführende im Pro-

tokoll unterschreiben. Das eine Visum steht für die eigentliche Ausführung, das andere gilt für deren Überwachung.
Wenn die gleichen Personen für eine Reihe aufeinander folgender Arbeitsphasen oder mehrere zusammengehörige Wägungen verantwortlich sind, so müssen sie die Überwachung nur einmal per Unterschrift bestätigen.

Resultate der IPK/HACCP und daraus abgeleitete Entscheide sind von der Fachkraft zu visieren, welche den Entscheid getroffen hat.

- Ausbeute, wenn sinnvoll mit Bezug auf die theoretische oder Normalausbeute
- Ausführliche Aufzeichnung (Darstellung und Begründung) von außergewöhnlichen Ereignissen (z. B. Fehlleistungen und deren Behebung) mit Visum des verantwortlichen Leiters
- Durchgeführte Reinigungsoperationen und Sauberkeitsprotokolle. (Diese Angaben können alternativ in separaten Aufzeichnungen, die analog aufzubewahren sind, festgehalten werden.)
- Detaillierte Protokolle über die Umarbeitung zurückgewiesener Chargen und Retouren (Menge, Herkunft und Resultate der IPK/HACCP)
- Visum derjenigen Person, die das Produktionsprotokoll auf Vollständigkeit hin kontrolliert hat.

2.4.5 Verpackung – Konfektionierung

2.4.5.1 Geltungsbereich

Die vorliegende Richtlinie gilt für sämtliche Arbeitsgänge der Verpackung von Produkten, von Halbfertigprodukten zu teilverpackten Produkten bis zu Fertigwaren.

2.4.5.2 Gebäude und Räumlichkeiten

Für Gebäude und Räumlichkeiten gelten die Anforderungen der Richtlinie unter Abschnitt 2.5.

2.4.5.3 Apparate und Einrichtungen

Allgemein gilt die Richtlinie unter Abschnitt 2.6. Apparate und Einrichtungen für die maschinelle und manuelle Verpackung müssen, falls sie für verschiedene Lebensmittelvarianten oder verschiedene Chargen eingesetzt werden, zonenmäßig so voneinander getrennt sein, daß das Risiko einer Untermischung oder Verwechslung von Halbfertigprodukten, Packmaterial oder Fertigprodukten ausgeschlossen bzw. auf ein Minimum reduziert ist.

Alle Apparate, Einrichtungen und Behälter, die mit dem Produkt in Berührung kommen, müssen so in Stand gehalten und gereinigt, ggf. auch antimikrobiell behandelt werden, daß eine Verunreinigung des Lebensmittels ausgeschlossen ist. Für die Durchführung der Reinigung müssen schriftliche Anweisungen vorhanden sein.

Apparate und Einrichtungen für Verpackungsvorgänge müssen mit den wesentlichen Elementen des Verpackungsauftrages gekennzeichnet sein. Im Minimum sind das:

– Lebensmittelbezeichnung
– Dosierung (Gewicht/Volumen)
– Chargenbezeichnung (Lotnummer)
– Mindesthaltbarkeitsdatum
– Palettierung (s. Abb. 14)

Transportbehältnisse und andere Lebensmittelbehälter haben eine eindeutige Bezeichnung der zutreffenden Lebensmittelbulkware (inklusive Chargenbezeichnung) zu tragen. Bevor die Anlage(n) für ein neues Produkt, eine neue Charge oder einen neuen Verpackungsauftrag verwendet wird (werden), müssen die Beschriftungen angepaßt werden.

Entscheidetiketten und Chargenbezeichnungen an Transportbehältnissen sind unkenntlich zu machen, sobald diese entleert sind.

Bei Geräten für die automatische Überwachung und Steuerung von Operationen muß die Funktionstüchtigkeit periodisch kontrolliert werden. Über Kontrollen und Revisionen sind Aufzeichnungen zu führen, die analog den Verpackungsrapporten aufzubewahren sind.

2.4.5.4 Personal

Es gelten die Anforderungen der Richtlinie unter Abschnitt 2.8. Die entscheidenden Phasen der Verpackung und die wichtigsten Prüfungen sind durch entsprechend qualifiziertes Personal auszuführen oder überwachen zu lassen.

2.4.5.5 Verpackungsvorschriften

Für alle Tätigkeiten bei der Verpackung und bei der Handhabung der Produkte müssen schriftliche Anweisungen vorliegen (s. Abschnitt 2.4.6). Verpackungsvorschriften und daraus abgeleitete Arbeitsaufträge sind verbindlich zu befolgen.

2.4.5.6 Prüfungen

Zur Sicherstellung der korrekten Verpackung müssen die gemäß Abschnitt 2.4.7 vorgeschriebenen Prüfungen ausgeführt werden.

2.4.5.7 Verpackungsprotokolle

Über sämtliche Tätigkeiten des Verpackungsprozesses ist in geeigneter Form Protokoll zu führen (s. 2.4.8).

2.4.5.8 Halbfertigprodukte

In der Regel sollen nur Halbfertigprodukte (Bulkware) verpackt werden, die gemäß Abschnitt 2.2.3 freigegeben sind. Falls beim Beginn des Verpackungsvorganges der Freigabeentscheid noch nicht vorliegt, sind die entsprechenden Chargen respektiv Aufträge als Fertigprodukte zu sperren bis die Halbfertigprodukte freigegeben sind. Das gleiche gilt, wenn die *mikrobiologische Prüfung das entscheidende Freigabekriterium* darstellt.

Überschüssige Halbfertigprodukte, die zur Abfüllung und Verpackung aus den freigegebenen Lagergebinden entnommen sind, dürfen nicht mehr in diese Gebinde zurückgegeben werden; sie sind zu vernichten.

2.4.5.9 Packmaterial

Es darf nur solches Packmaterial zur Verpackung von Halbfertigprodukten eingesetzt werden, das entsprechend Abschnitt 2.3.3 freigegeben ist. Angebrochene Gebinde (Bündel, Schachteln etc.) von überschüssigem bedrucktem Packmaterial (Etiketten, Faltschachteln etc.) sind sorgfältig zu kennzeichnen, um Verwechslungen zu verhindern.

2.4.5.10 Feststellung von Mängeln an freigegeben Produkten

Werden an einem bereits freigegebenen Produkt irgendwelche Unregelmäßigkeiten oder Mängel festgestellt, so ist die Stelle, die derartige Mängel entdeckt, verpflichtet, die fragliche Charge unter Meldung an die Abteilung Qualitätsprüfung für weitere Verwendung unverzüglich provisorisch zu sperren.

Das gleiche gilt für Mängel am Packmaterial. Die Meldung ist in diesem Falle an die Abteilung Packmaterialprüfung zu erstatten.

2.4.5.11 Vorübergehende Lagerung von Material im Verpackungsbereich

Eine übersichtliche Bereitstellung der zur Verpackung gelangenden Halbfertigprodukte (Bulkware) und des Packmaterials muß gewährleistet sein. Die Art der Bereitstellung darf zu keiner Verwechslung, Untermischung oder Verunreinigung der Produkte und Packmaterialien Anlaß geben.

In der zu einer Verpackungsanlage gehörenden Zone dürfen nur solche Artikel (Halbfertigware und Packmaterial) bereitgestellt werden, die für den laufenden Auftrag verwendet werden. Solche Zonen müssen räumlich so voneinander getrennt sein, daß jegliche Verwechslungs- und Untermischungsgefahr auf ein Minimum reduziert ist.

Besondere Vorschriften bezüglich Lagerbedingungen für die Lebensmittel sind auch im Verpackungsbereich (-betrieb) zu beachten. Lebensmittelhalbfertigwaren sollen nicht länger als nötig in offenen Behältern herumstehen.

2.4.5.12 Fertigprodukte

Grundsätzlich sollte eine Packungseinheit nur Halbfertigprodukte einer einzigen Charge enthalten. Die dazugehörige Chargennummer muß auf der äußeren Packung angegeben sein. Bei Beuteln in einer Faltschachtel hat auch diese „innere" Verpackung eine Chargen-(Lot-)nummer zu tragen.

Wenn zwei Chargen des gleichen Produktes hintereinander hergestellt, abgefüllt oder abgepackt werden, kann eine gewisse Vermischung der beiden Chargen vorkommen. Das Ausmaß einer solchen Vermischung im Rahmen einer vernünftigen Herstell- und Verpackungspraxis sollte möglichst gering gehalten werden.

Als Konsequenz dieser Konzession sind im Falle eines Rückrufes immer auch die unmittelbar vorher und nachher verpackten Chargen (Grenzchargen) mitzuberücksichtigen.

2.4.6 Verpackungsvorschriften

2.4.6.1 Geltungsbereich

Unter den Begriff „Verpackungsvorschriften" gehören alle schriftlichen Anweisungen für die Verpackung von Halbfertigprodukten, wie Arbeitsanleitungen, Verpackungsaufträge, Stücklisten, Lagervorschriften etc.

2.4.6.2 Inhalt von Verpackungsvorschriften

Verpackungsvorschriften müssen in ihrer Gesamtheit folgende Angaben enthalten:
- Eindeutige Charakterisierung der Standardverpackungsvorschrift (Stückliste) mit:
  - Name des Produktes und die Variantennummer
  - Packungsgröße
  - Land bzw. Sprache
  - Anzahl der Packungseinheiten
  - Produktnummer
- Angaben über die zu verpackende Halbfertigware:
  - Name
  - Charge (Lot)

- Menge
- Mindesthaltbarkeitsdatum
- Preisauszeichnung im Auftrag des Handels
– Angaben über die zu verwendenden Packungselemente
  - Genaue Materialbezeichnung und -nummer
  - Anzahl
  - evtl. Codeeinstellung bei bedrucktem Packmaterial
– Genaue Beschreibung der Fertigpackung (Packungsspezifikationen) sowie, wenn nötig, Angaben über die für die Verpackung notwendigen Maschinen und Einrichtungen (z. B. Schutzbegasung mit N_2)
– Verpackungsanleitung für Arbeitsgänge, die auf die Qualität des Fertigproduktes einen Einfluß haben können
– Bedienungsvorschriften für die Maschinen
– Vorschriften über die durchzuführenden Kontrollen vor, während und nach der Verpackung (s. Abschnitt 2.4.7)
– Standardbruchraten für Halbfertigprodukte und Packmaterialien
– Ggf. produktspezifische Reinigungsoperationen der benutzten Einrichtungen vor und nach dem Einsatz
– Mindesthaltbarkeit der Lebensmittel, ggf. auch der Packmaterialien
– Vorsichts- und Hygienemaßnahmen zum Schutze des Personals und des Produktes.

2.4.6.3 Auftragsspezifische Verpackungsvorschriften

Die einzelnen Verpackungsaufträge müssen in schriftlicher Form vorliegen. Es muß dabei sichergestellt sein, daß die Aufträge für gültiges Packmaterial ausgestellt sind; dies gilt insbesondere für bedrucktes Packmaterial.

Die Übereinstimmung der einzelnen Verpackungsaufträge mit den genehmigten Verpackungsvorschriften (z.B. Stücklisten) muß gewährleistet sein. Evtl. notwendige Korrekturen an einzelnen Verpackungsaufträgen müssen von einer verantwortlichen Person auf ihre Richtigkeit mit Datum und Visum geprüft werden.

Die einzelnen Verpackungsaufträge müssen so ausführlich sein, daß damit einwandfreie Packungseinheiten produziert werden können.

2.4.6.4 Änderung von Packmaterialien

Bei Änderungen von Packmaterialien, die mit dem Lebensmittel in Berührung kommen, ist in jedem Fall der Einfluß auf die Haltbarkeit des Fertigproduktes abzuklären, bevor das neue Material verwendet wird.

Von besonderer Bedeutung sind sogenannte On-Pack und In-Pack-Promotions (Spielzeug, Dosierlöffel, Becher und andere produktbeeinflussende Artikel).

2.4.6.5 Änderung von Verpackungsvorschriften

Bei der Änderung von Verpackungsvorschriften ist sicherzustellen, daß dadurch keine maßgebende Eigenschaft des Produktes beeinträchtigt wird.

2.4.6.6 Aufbewahrung

Wird eine Verpackungsvorschrift oder ein Teil davon (z. B. Stücklisten) außer Kraft gesetzt, so ist sie als *ungültig* zu kennzeichnen und während weiteren 10 Jahren aufzubewahren.

2.4.7 Verpackungsprüfungen

2.4.7.1 Allgemein

Verpackungsprüfungen umfassen alle Maßnahmen, die vor, während und nach der Abwicklung eines Verpackungsauftrages an Maschinen, Einrichtungen, Halbfertigwaren, Packungselementen, Fertigprodukten etc. durchgeführt werden.

2.4.7.2 Grundsatz

Daß ein Lebensmittel fehlerfrei verpackt ist, wird gesichert durch Überwachung während der Auftragserledigung und Prüfung der konfektionierten Fertigprodukte. Je intensiver die Überwachung mittels Automaten (Waagen, Codeleser und dergleichen) und/oder zur Prüfung beauftragtes Personal ist, desto leichter kann die Prüfung der Fertigprodukte auf ein Minimum beschränkt werden.

2.4.7.3 Vorschriften für die Verpackungsprüfungen

Die durchzuführenden Prüfungen müssen schriftlich festgehalten sein. Die Vorschriften müssen folgende Angaben enthalten:
- Detaillierte Listen der einzelnen Prüfpunkte (z. B. pro Pakkungskategorie)
- Prüfmethode für jedes einzelne Merkmal
- Für die Durchführung verantwortliche Funktion (z. B. Hygieneprüfung durch das Labor Mikrobiologie)
- Richtlinie für das Verhalten des Personals beim Auftreten von Unregelmäßigkeiten

2.4.7.4 Umfang der Verpackungsprüfungen

Die Kontrollen vor, während und nach der Erledigung eines Auftrages müssen folgende Punkte berücksichtigen:
- Zustand des Arbeitsplatzes und der Maschinen
- Einstellung der Kontrollwaagen und Codeleser (Genauigkeit, Toleranzen)
- Einstellung des Chargencode und Mindesthaltbarkeitsdatum (insbesondere bei Chargenwechsel)
- Identität und Zustand der Halbfertigprodukte (Bulkware)
- Identität und Zustand der Packungselemente
- Periodische Stichprobenkontrolle der Fertigprodukte auf:
  - Sauberkeit
  - Füllmenge
  - Korrekter Verschluß (innen und außen)
  - Qualität der Aufdrucke (Chargencode, Mindesthaltbarkeit etc.)
  - Klebung und Sitz von Etiketten/Banderolen
  - Vollständigkeit der Packung
- Kontrolle der Ausbeute (Bruchrate)
- Anzahl und Zustand der Fertigpackungen
- Kontrolle über Vernichtung oder Rückschub von Halbfertigware und bedrucktem Packmaterial
- Reinigung des Arbeitsplatzes und der Maschinen

2.4.7.5 Dokumentation

Über durchgeführte Kontrollen sind Aufzeichnungen zu führen, die zusammen mit den Verpackungsrapporten (s. Abschnitt 2.4.8) aufzubewahren sind (Aufbewahrungsfrist: 10 Jahre).

2.4.8 Verpackungsprotokolle

2.4.8.1 Zweck

Verpackungsprotokolle dienen der Rückverfolgbarkeit eines Verpackungsauftrages und sind somit Teil einer „Chargengeschichte". Sie sind für mindestens 10 Jahre aufzubewahren.

2.4.8.2 Allgemein

Die Protokolle müssen alle Phasen eines Verpackungsauftrages erfassen. Insbesondere sind außergewöhnliche Beobachtungen am Halbfertigprodukt, am Packmaterial, an Maschinen oder Überwachungsautomaten zu protokollieren. Für jeden Verpackungsauftrag ist ein separates Protokoll zu erstellen.

2.4.8.3 Inhalt

Die Verpackungsprotokolle sollen folgende Angaben enthalten:
– Eindeutige Charakterisierung des Verpackungsauftrages:
  • Name des Lebensmittels
  • Packungsgröße
  • Land ggf. Sprache
  • Produktnummer
  • Auftragsnummer
  • Lotnummer
– Chargencode des Halbfertigproduktes (Bulkware) und Mindesthaltbarkeitsdatum
– Verpackungsdatum
– Befolgte Verpackungsvorschrift respektive Stückliste
– Menge und Bezeichnung aller verwendeten Packungselemente sowie verbrauchte Mengen an Halbfertigprodukt, inklusive

Chargen- und Lieferungskennzeichnung der verwendeten primären Packungselemente, sowie Auflagennummern der bedruckten Packungselemente
- Eingesetzte Maschinen und Einrichtungen
- Das unmittelbar vorher in der gleichen Anlage abgepackte Produkt (inklusive Chargen- und Auftragsnummer), sofern dies nicht in einer apparatespezifischen Dokumentation festgehalten wird
- Visum der verantwortlichen Aufsichtsperson
- Ergebnisse der Verpackungskontrollen
- Visum derjenigen Fachkraft, die die vorgeschriebenen Verpakkungsprüfungen (s. Abschnitt 2.4.7) ausgeführt hat
- Ausführliche Aufzeichnung (Darstellung und Begründung) von außergewöhnlichen Ereignissen (z. B. Fehlleistungen *und* deren Behebung) mit Visum des verantwortlichen Leiters

2.4.9 Lebensmittelabfälle

Lebensmittelabfälle und andere Abfälle dürfen nicht in Räumen, in denen Rohstoffe und Lebensmittel behandelt bzw. hergestellt werden, gelagert oder gesammelt werden, es sei denn, dies ist für den ordnungsgemäßen Betriebsablauf unvermeidbar.

Für die Lagerung und Beseitigung von Lebensmittelabfällen und sonstigen Abfällen sind geeignete Vorkehrungen zu treffen. Abfallager müssen so konzipiert und geführt sein, daß sie sauber und frei von Ungeziefer gehalten und Kontaminationen von Lebensmitteln, Trinkwasser, Ausrüstungen und Betriebsstätten vermieden werden.

2.5 Gebäude und Räumlichkeiten

2.5.1 Geltungsbereich

Die vorliegende Richtlinie umfaßt alle Gebäude und Räumlichkeiten für die Fabrikation, Verpackung, Musterprüfung, Lagerung und Versandbereitstellung.

2.5.1.1 Grundsätze

Die Räumlichkeiten müssen für den vorgesehenen Zweck geeignet sein. Dies bedeutet auch, daß Räume, in denen fabriziert und verpackt wird, nicht gleichzeitig Lager- oder Aufenthaltsräume sein können; auch dürfen sie nicht als allgemeine Durchgänge dienen. In sämtlichen Räumen hat Sauberkeit und Ordnung zu herrschen. Der Zugang zu Produktions- und Lagerräumen muß geregelt sein.

2.5.1.2 Allgemeine bauliche Ausführung

Gebäude müssen so konstruiert sein, daß ein Eindringen von Tieren, insbesondere von Ungeziefer, nach Möglichkeit verhindert wird.
An Böden, Decken und Wänden dürfen Farbanstriche und andere Oberflächenschichten nicht abblättern.
Dort, wo Herstellungsvorgänge zu jedem Zeitpunkt saubere und ggf. sogar desinfizierte Räume verlangen, müssen Oberflächen zudem so beschaffen sein, daß die Reinigung und Desinfektion wirksam durchgeführt werden kann. Dies bedeutet, daß Oberflächen von Böden, Wänden und Decken in solchen Produktions- und Lagerräumen glatt und frei von Rissen sein müssen und daß Leitungsführungen soweit wie möglich außerhalb der Produktionsräume geführt werden. Es trifft dies insbesondere für Räume

zu, in denen mit Substanzen in offenen Behältern umgegangen und/oder in denen Lebensmittel hergestellt oder verpackt werden.

Räume und Arbeitsplätze müssen ausreichend und zweckentsprechend beleuchtet sein.

Die Be- und Entlüftung der Räume muß in zweckmäßiger Weise auf die Tätigkeiten abgestimmt sein.

Falls bestimmte Klimabedingungen (Temperatur, Luftfeuchtigkeit) Produkte oder deren Herstellung und Prüfung beeinträchtigen könnten, muß eine geeignete Klimaanlage vorhanden sein.

Abwässer, Abluft, Fabrikationsrückstände und andere Abfälle müssen entsprechend den behördlichen Vorschriften gefahrlos und hygienisch beseitigt werden können.

2.5.1.3 Produktionsräume

Die räumliche Anordnung der Produktionsanlagen ist allgemein so zu gestalten, daß folgende Anforderungen erfüllt sind:

- Es muß genügend Platz für eine übersichtliche und dem Arbeitsablauf angepaßte Anordnung der Fabrikations- und Verpackungsanlagen vorhanden sein.
- Durch die räumliche Anordnung muß das Risiko, einen Fabrikationsschritt oder eine -kontrolle versehentlich auszulassen, auf ein Minimum reduziert bleiben. Ferner soll das Risiko von Verwechslungen weitgehend ausgeschlossen sein.
- Die Anlagen müssen leicht bedienbar sein.
- Herstellvorgänge, die in der gleichen Zone oder in benachbarten Zonen ausgeführt werden, dürfen sich gegenseitig nicht beeinflussen.
- Die Möglichkeit, daß Lebensmittel in irgendeinem Stadium der Herstellung durch andere Substanzen verunreinigt werden, muß unter Kontrolle gehalten werden.
- In der Nähe von Produktionsanlagen muß ein angemessener Platz für Zwischenlagerung (Puffer) vorhanden sein, damit Produkte und Verpackungsmaterialien, die für einen oder mehrere Fabrikations- oder Verpackungsvorgänge bereitgestellt werden, sowie In-Prozeß-Materialien oder Produkte, die den Fabrikations- oder Verpackungsvorgang soeben passiert haben, fachgemäß aufbewahrt werden können.
- Es muß ein Raum zur Verfügung stehen, in dem mobile Apparate und Behälter gereinigt und falls nötig getrocknet werden können.

2.5.1.4 Lagerräume

Für Lagerräume gelten folgende Anforderungen:
- Es muß genügend Platz für eine übersichtliche, saubere und trockene Aufbewahrung von Produkten und Materialien vorhanden sein.
- Wo nötig, muß eine Regelung von Temperatur und Luftfeuchtigkeit möglich sein.
- Lager sollten unterteilt werden können, vor allem dort, wo behördliche Vorschriften dies verlangen (feuer- und explosionsgefährdete Substanzen).

2.5.1.5 Personalräume

Dem Betriebspersonal muß eine genügende Anzahl sauberer, gut belüfteter und zweckmäßig ausgerüsteter Waschgelegenheiten mit kaltem und warmem Wasser, Umkleideräume und Toiletten zur Verfügung stehen. Weiterhin müssen dem Betriebspersonal Aufenthaltsräume zur Verfügung stehen.

2.5.1.6 Entsorgungsräume

Es gelten die entsprechenden Regeln unter Abschnitt 2.4.9 und 2.5.1.2.

2.6 Apparate und Einrichtungen

2.6.1 Geltungsbereich

Zu den „Apparaten und Einrichtungen" gehören in der vorliegenden Richtlinie neben den eigentlichen Anlagen für die Produktion, Kontrolle und Lagerung auch allgemeine Einrichtungen wie Belüftungsanlagen für Produktionsräume.

2.6.1.1 Konstruktion und Anordnung

- Die Fabrikations- und Verpackungsanlagen (Apparate und Einrichtungen) müssen möglichst übersichtlich und leicht bedienbar angeordnet sein.
- Sämtliche Apparate und Einrichtungen sollen für ihren Verwendungszweck geeignet sein. Bei Apparaten und Einrichtungen, mit denen Prozesse durchgeführt werden, die für die Qualität des Endproduktes kritisch sein können, muß die Eignung experimentell überprüft werden (Validierung), über solche Abklärungen müssen Protokolle geführt werden (Aufbewahrungsfrist 5 Jahre). Diese Validierungen müssen periodisch wiederholt werden.
- Es sind geeignete Vorkehrungen zu treffen, z. B. zusätzliche Überwachungs- oder Prüfinstrumente, um das einwandfreie Funktionieren der Apparate und Einrichtungen überwachen zu können.
- Apparate und Einrichtungen müssen dem Stand der Technik entsprechend so beschaffen sein, daß die darin zu verarbeitenden Produkte von außen nicht verunreinigt werden können.
- Apparate müssen so angeordnet sein, daß Verunreinigungen durch gleichzeitig nebeneinander laufende Ansätze vermieden werden.

- Oberflächen von Apparaten und Einrichtungen dürfen Produkte nicht so beeinträchtigen, daß sie nicht mehr der Spezifikation entsprechen.
- Apparate und Einrichtungen müssen dem Stand der Technik entsprechend so konstruiert und angeordnet werden, daß die für den Betrieb notwendigen Hilfsmittel und Betriebsstoffe (Schmiermittel, Kühlmittel etc.) nicht mit dem Produkt in Berührung kommen.
- Apparate und Einrichtungen müssen so konstruiert und angeordnet sein, daß Unterhalt und Reinigung leicht ausgeführt werden können.

Beispiele

- Große Rohrkrümmungsradien lassen sich leicht reinigen, scharfe Krümmungen begünstigen Produktablagerungen und somit hygienisch bedenkliche „Nestbildungen".
- Standard-T-Verschraubungen sind im Gegensatz zu geschweißten Verbindungen demontierbar.
- Tote Rohrenden sind gefährlich und müssen, sofern vorhanden, beseitigt werden (Hygienerisiko).
- Korrekte Rohrgefälle sind wichtig.
- Behälterabflüsse müssen ein vollständiges Entleeren ermöglichen.

2.6.1.2 Einsatz

Sämtliche Apparate und Einrichtungen sollen ihrem Verwendungszweck entsprechend eingesetzt werden.

2.6.1.3 Instandhaltung

Die Apparate und Einrichtungen für Fabrikation, Verpackung, Lagerung und Kontrolle von Zwischenprodukten, Halb- und Fertigwaren müssen sauber und betriebstüchtig instandgehalten werden. Hierüber sind angemessene Aufzeichnungen (Wartungsbuch) zu führen.

2.6.1.4 Meß- und Wägeeinrichtungen

– Meß- und Wägeeinrichtungen in Produktion und Kontrolle sollten mit Hilfe anerkannter Methoden geeicht und in geeigneten Abständen überprüft werden.
– Diese Kontrollen sind in geeigneter Weise zu dokumentieren.
– Eine amtliche Überprüfung (Eichung) der Waagen ist periodisch durchzuführen. Darüber hinaus ist es ratsam, solche Überprüfungen häufiger, intern mindestens zweimal jährlich, durchzuführen.
– Wäge- und Meßinstrumente in Produktion und Kontrolle müssen eine der Menge der einzuwiegenden Substanz angepaßte Genauigkeit aufweisen.
– Für die Einwaage von besonderen Zusatzstoffen etc. (Konservierungsstoffe, Spurenelemente, Vitamine) müssen Waagen mit geeigneter Ablesegenauigkeit verwendet werden. Dabei darf das abgelesene Gewicht nicht mehr als 1% vom tatsächlichen Gewicht abweichen.
– Um exakte Wägeresultate zu gewährleisten, darf ferner die vorgeschriebene Mindestlast der Waage nicht unterschritten und die Höchstlast nicht überschritten werden.

2.6.1.5 Dokumentation bei Mehrzweckapparaturen

Für Apparate und Einrichtungen, die für mehrere Produkte eingesetzt werden, sind, wo sinnvoll, Aufzeichnungen über die Reihenfolge der darin verarbeiteten Produkte zu führen und 5 Jahre aufzubewahren.

2.7 Lager

2.7.1 Geltungsbereich

Die Lagerung von Rohstoffen, Hilfs- und Zusatzstoffen, Zwischenprodukten und Packmaterialien für die Lebensmittelproduktion fallen unter diese Richtlinie.

2.7.1.1 Allgemeine Anforderungen

Für Gebäude, Apparate und Personal gelten die Anforderungen der Richtlinien unter Abschnitt 2.5, 2.6 und 2.8.

2.7.1.2 Wareneingang

Die Warenannahme und die notwendigen Eingangskontrollen sind entsprechend den Abschnitten 2.2.1 und 2.3.1 durchzuführen. Retourensendungen sind an die Retourenabteilung weiterzuleiten. Vom Zeitpunkt des Eingangs ins Lager bis zur Freigabe sind alle Produkte zu sperren.

2.7.1.3 Lagervorschriften

Dem Lagerpersonal müssen folgende, von fachtechnischen Experten erstellte Detailregelungen zur Verfügung stehen:
- Richtlinien für die technischen Belange der Einlagerung (Stapelhöhe, Zwischenräume, Abstand von den Wänden etc.)
- Produktspezifische Lagerbedingungen (Temperatur, Feuchtigkeit, Lichtschutz)
- Produktspezifische Anweisungen für die Handhabung der Produkte (Umgang mit offenen Substanzen, Sicherheitsvorschriften)

– Regelungen für den Zutritt zum Lager: Außenstehende dürfen sich nur in Begleitung von Lagerpersonal oder im Einverständnis mit der Lagerverwaltung im Lager aufhalten.

2.7.1.4 Lagerung

Jedes Gebinde muß vorschriftsmäßig beschriftet sein. Eine übersichtliche Lagerordnung soll dazu beitragen, daß Verwechslungen ausgeschlossen sind.

Sämtliche Produkte sind so zu lagern, daß sie zum Zeitpunkt der Verwendung noch der geforderten Spezifikation entsprechen, d.h.

– die Produkte sind vor Verunreinigungen sowie vor außergewöhnlichen Licht- und Temperatureinflüssen zu schützen;
– produktspezifische Lagervorschriften sind strikt zu beachten.

Wenn notwendig, sind im Lager die klimatischen Verhältnisse (Temperatur, Luftfeuchtigkeit) zu überwachen und entsprechende Aufzeichnungen zu führen (Aufbewahrungsfrist: 5 Jahre).

Freigegebene, gesperrte und zurückgewiesene Produkte können „chaotisch", d.h. ohne räumliche und zonenmäßige Trennung, gelagert werden, wenn durch geeignete Maßnahmen (Dispositionssperre) eine Sicherung gegen mißbräuchliche Verwendung gewährleistet ist, wie bei separater Lagerung mit gebindeweiser Entscheidkennzeichnung.

Die ältesten Chargen sind nach dem Gebot „first in – first out" nach Möglichkeit zuerst zu verbrauchen.

2.7.1.5 Behandlung zurückgewiesener Chargen

Der Lagerverwalter muß zweckmäßige Maßnahmen treffen, um zu verhindern, daß zurückgewiesene Produkte und Materialien weder in der Produktion eingesetzt, noch verpackt oder an Dritte geliefert werden.

Für zurückgewiesene Produkte und Materialien sind so rasch wie möglich die notwendigen Maßnahmen zu treffen:

– Sie sind entweder dem Hersteller oder Lieferanten zurückzuschicken oder zu vernichten.

- Durchgeführte Maßnahmen sind zu protokollieren (Menge, Zahl der Gebinde, Datum, Visum etc.) und diese Anführungen analog einer Herstellungsgeschichte 10 Jahre aufzubewahren.
- Es ist eine *Reklamationsmeldung* zu organisieren.

2.7.1.6 Dokumentation

Über jede eingelagerte Rohstoffcharge und Packmittellieferung ist eine Dokumentation zu führen, die folgende Daten umfaßt:
- Bezeichnung des Produktes
- Chargen- respektive Lieferbezeichnung
- Herkunft (Name des für die Qualität verantwortlichen Lieferanten)
- Eingangsdatum
- Gewicht oder Anzahl
- Qualitätsangaben des Herstellers

2.7.1.7 Nachkontrollen

Für anfällige Rohstoffe (z. B. Haltbarkeitseinschränkungen) muß eine Regelung durch die Abteilung Qualitätsprüfung getroffen werden, wann Chargen bzw. Lieferungen oder Teile davon analytisch (sensorisch, mikrobiologisch) neu zu überprüfen sind *(ordentliche Nachkontrolle)*. Ordentliche Nachkontrollen sind zu den festgelegten Terminen durch die Abteilung Qualitätsprüfung zu veranlassen. Während der Dauer der ordentlichen Nachkontrollen ist die betreffende Charge *nicht* gesperrt.

Werden an einem Rohstoff, Zwischenprodukt etc. irgendwelche Unregelmäßigkeiten festgestellt, so muß das Produkt von der Abteilung Qualitätsprüfung für die weitere Abgabe oder Verwendung sofort gesperrt werden (Veranlassung einer *außerordentlichen Nachkontrolle*). Während einer außerordentlichen Nachkontrolle ist die Charge gesperrt.

Wird anläßlich einer Nachkontrolle festgestellt, daß eine Charge nicht mehr den Anforderungen entspricht, so sind von der Freigabeinstanz die notwendigen Maßnahmen zu treffen, sowohl für Chargenteile, die sich noch am Lager befinden, als auch für Chargenteile, die bereits abgegeben bzw. verarbeitet sind.

2.7.1.8 Warenabgabe

Das Lagerpersonal darf nur freigeprüfte Gebinde für die weitere Verwendung oder für den Versand abgeben. Vorbehalte und Abgabebeschränkungen sind dabei zu beachten.

Die Abgabe von Produkten und Materialien darf nur aufgrund von schriftlichen Bestellungen (Anforderungen) erfolgen.

2.8 Personal

2.8.1 Geltungsbereich

Die vorliegende Richtlinie gilt allgemein für alle Personen, die mit der Produktion und Kontrolle beschäftigt sind. Besonders ist auf die Einhaltung der Vorschriften bei Betriebsangehörigen zu achten, die mit der Fabrikation, der Verpackung, dem Musterzug und der Lagerung von Produkten beschäftigt sind oder in irgendeiner Form mit Stoffen in offenen Behältern umzugehen haben.

2.8.1.1 Allgemeine Anforderungen an Mitarbeiter

Die Mitarbeiter sollen entsprechend ihrer Funktion ausgebildet sein. Neu eingestelltes Personal soll vor seinem Einsatz neben der technischen Ausbildung mit den Grundprinzipien der für seinen Arbeitsbereich gültigen GHP-Anforderungen vertraut gemacht werden.

Personal ohne Erfahrung in der Branche darf ohne entsprechende Überwachung nur auf einfachen Arbeitsplätzen eingesetzt werden. Für schwierige Aufgaben sollten die Mitarbeiter über eine ausreichende Ausbildung und genügend Erfahrung verfügen.

Von den Mitarbeitern muß folgendes verlangt werden:

- Ihrer Funktion entsprechende Kenntnisse und Fähigkeiten nach einer gewissen Einarbeitungszeit
- Zuverlässigkeit und Gewissenhaftigkeit
- notwendige Erfahrung in der bei der Produktion und bei der Kontrolle auszuführenden Tätigkeit
- Verständnis für die am betreffenden Arbeitsplatz notwendigen GHP-Maßnahmen

Für die Durchführung und Überwachung der Arbeiten muß eine ausreichende Zahl von Mitarbeitern zur Verfügung stehen.

Den Laboratorien, die sich mit Entwicklung und Qualitätskontrolle befassen, müssen Leiter(innen) vorstehen, die sich durch ihre Aus- und Weiterbildung für die an sie gestellten Anforderungen hinreichend qualifiziert haben, und somit Verantwortung übernehmen können.

Für die entscheidenden Arbeitsplätze, insbesondere für Vorgesetztenfunktionen, müssen Stellenbeschreibungen vorliegen, aus denen Aufgabenbereich und Kompetenzen hervorgehen. Für Vorgesetztenfunktionen jeglicher Stufen ist die Stellvertretung zu regeln.

2.8.1.2 Gesundheitszustand

Das Personal, das in der Herstellung beschäftigt ist, muß einen Gesundheitszustand aufweisen, der eine Kontamination der Produkte während der Produktion soweit als möglich verhindert.

Die Sicherstellung des entsprechenden Gesundheitszustandes soll sich auf folgende Maßnahmen stützen:

– Bei jedem Neueintritt ist die Regelung des Bundesseuchengesetzes (BSeuchG) zu beachten
– Periodische Schirmbilduntersuchung
– Krankheitsmeldung durch die Mitarbeiter selbst
– Betreuung durch den arbeitsmedizinischen Dienst
– Aufforderung von Vorgesetzten oder Kollegen zum Arztbesuch bei entsprechenden Anzeichen
– Periodische ärztliche Untersuchung von Personal an bestimmten Arbeitsplätzen
– Gegebenenfalls nach Rückkehr aus Ländern mit erhöhtem Infektionsrisiko besondere Sorgfalt walten lassen

Krankheiten, die nicht arbeitsverhindernd sind, die jedoch die betriebliche Hygiene gefährden könnten (z. B. Durchfall, Hautleiden, starker Schnupfen, Katarrh), sind dem Vorgesetzten und dem Arzt des Vertrauens zu melden, die darüber entscheiden, ob die betreffende Person weiterhin an ihrem Arbeitsplatz tätig sein kann. Die gleiche Aufforderung zur Meldung gilt beim Auftreten von ansteckenden Krankheiten im privaten Bereich von Mitarbeitern. Es gehört zu den Pflichten der Vorgesetzten, ihre Mitarbeiter bei äußerlichen Anzeichen von Krankheiten anzuhalten, einen Arzt aufzusuchen.

Die Eintrittsuntersuchung und die periodische ärztliche Untersuchung von Personen an bestimmten Arbeitsplätzen hat nach Maßgabe des zuständigen Arztes zu erfolgen.

Die Häufigkeit dieser Untersuchungen und die Wahl der in diesem Programm einbezogenen Mitarbeiter muß entsprechend des am Arbeitsplatz für das Produkt vorhandenen Kontaminationsrisikos nach einem Prioritätenprogramm festgelegt werden.

2.8.1.3 Hygiene

Es ist Aufgabe der Vorgesetzten, ihre Mitarbeiter(innen) über die Bedeutung der persönlichen Hygiene in bezug auf die Tätigkeit am Arbeitsplatz aufzuklären. Das Produktions-, Lager-, Musterzug- und Prüfungspersonal muß eine für die auszuführende Tätigkeit geeignete, saubere Arbeitskleidung tragen. Die Häufigkeit des Arbeitskleiderwechsels ist den hygienischen Anforderungen der einzelnen Arbeitsplätze anzupassen, wobei wenn nötig, auch Produktwechsel zu berücksichtigen sind.

Besondere Beachtung ist der Pflege der Hände und Fingernägel zu schenken. Eine selbstverständliche Hygienemaßnahme ist das sorgfältige Waschen der Hände mit Seife vor der Aufnahme von Tätigkeiten, wie sie im Geltungsbereich beschrieben sind, und nach Benutzung der Toilette. Je nach Arbeitsplatz sind dabei desinfizierende Seifen zu verwenden. Zum Trocknen der Hände dürfen nur hygienisch einwandfreie Handtücher – niemals Mehrfachhandtücher – benutzt werden.

Haare dürfen nicht arbeitsbehindernd wirken. Nötigenfalls muß mit geeigneten Maßnahmen z. B. Kopfbedeckung (obligatorisch bei „offenen" Produkten), Spangen o. ä. verhindert werden, daß die Mitarbeiter(innen) gezwungen sind, während der Arbeit die Haare zu ordnen oder aus dem Gesichtsfeld zu streichen.

Weiterhin sind nachstehende Punkte zu beachten:

- Produkte sollen nicht mit den bloßen Händen berührt werden
- Verpflegungen dürfen nicht in Produktions- und Lagerräumen eingenommen werden
- In Produktions- und Lagerräumen darf nicht geraucht werden
- Persönliche Medikamente dürfen – im Bereich der Produktion – nicht direkt an den Arbeitsplatz genommen werden
- Beim Arbeiten an oder mit offenen Produkten sollte Arm- und Fingerschmuck (trifft nicht für Eheringe zu) nicht getragen werden

2.9 Schulung

2.9.1 Geltungsbereich

Die vorliegende Richtlinie umfaßt alle Schulungsmaßnahmen, die erforderlich sind, um das Personal auf dem aktuellsten Stand der Herstellung und Lagerhaltung von Lebensmitteln zu halten.

2.9.1.1 Lebensmittel- und Betriebshygiene

Personal ist innerhalb von 14 Tagen nach Neueinstellung im Ausbildungsbereich Hygiene zu schulen. Die Schulung erstreckt sich über die „Fünf M":

- **M**ikrobiologie
- **M**ensch
- **M**aschine
- **M**aterial
- **M**ilieu

Die Verantwortung für die Hygiene-Schulung obliegt der Funktion Mikrobiologie (Pichhardt 1993).

2.9.1.2 Rohstoff- und verfahrenskundliche Schulung

Rohstoffe sind in der Regel Naturstoffe und unterliegen somit unvermeidlichen Schwankungen. Insbesondere bei neuen Rohstoffen ist das Personal rechtzeitig über deren Einführung zu informieren und bezüglich ihrer Handhabung zu schulen. Die Schulung hat sich insbesondere auf sensorische Eigenschaften zu konzentrieren:

- Geruch, Farbgebung, Geschmack, bzgl. Degustationen sind u. U. besondere Schulungen notwendig, so z. B. bei Konzentraten, Essenzen etc.

– Textur, Fließverhalten, Viskosität etc.

Die Schulung, die auch verfahrenskundliche Besonderheiten zu enthalten hat, obliegt der Funktion Chemie und in besonderen Fällen dem Bereich Produktentwicklung (Designlenkung).

2.9.1.3 Lagerhaltung

Die Schulungsinhalte beziehen sich auf eine gute Lagerhauspraxis, d.h. auf Lagerhaushygiene im Sinne von präventiv geführten Schädlingsbekämpfungsmaßnahmen oder Vorgehensweisen bei beschädigten Behältnissen und Gebinden. Darüber hinaus sind Besonderheiten wie Temperatur, Licht, Belüftung etc. zu berücksichtigen, sofern dadurch Rohstoff- oder Fertigproduktqualitäten beeinträchtigt werden könnten.

2.9.2 Überprüfung von Schulungszielen

Schulungen sind auf ihre Effizienz hin zu überprüfen. Diese erfolgt periodisch an den Arbeitsplätzen durch Zielfragen sowie zu Beginn von Nach- bzw. Weiterschulungsterminen.

2.9.3 Dokumentation

Schulungsart und Lerninhalt sind zu dokumentieren. Die Schulungsteilnehmer bestätigen durch Visum die Ausbildung.

2.10 Besucherregelung – Betriebliche Führung

2.10.1 Geltungsbereich

Die vorliegende Richtlinie gilt für Einzelbesucher und Besuchergruppen im gesamten Bereich Produktion inklusive Lager- und Versandwesen.

2.10.2 Einweisung

Besucher sind vor Betreten der genannten Bereiche über Verhaltensregeln aufzuklären. Es kann nicht gestattet werden, daß Besucher sich von der Gruppe abtrennen. In Bereichen mit „offener" Handhabung von Roh-, Halb- und Fertigwaren ist auf Führungen zu verzichten; Ausnahmen bilden lediglich besondere Fachbesucher. Das Tragen von Schutzbekleidung ist obligatorisch.

2.10.3 Dokumentation

Durchgeführte Besuche sind zu dokumentieren.

3 Gefahrenanalyse kritischer Kontrollpunkte (HACCP)

3.1 HACCP – Begriffe, Grundlagen und Grundsätze

HACCP (**H**azard **A**nalysis **C**ritical **C**ontrol **P**oint), ein ursprünglich in den USA in den 60er Jahren durch Industrie, Armee und Weltraumbehörde entwickeltes System, wird im Deutschen mit Gefahrenabschätzung und Festlegung von Kontroll-(Beherrschungs-)punkten übersetzt. In anderen als der Lebensmittelbranche spricht man von der FMEA, der Fehlermöglichkeits- und Einflußanalyse.

Das HACCP-Konzept diente zunächst der Minimierung bzw. Eliminierung von mikrobiologisch/hygienischen Gefahrenmomenten bei der Herstellung von Lebensmitteln. Nun läßt sich das HACCP-Konzept nicht nur allein für mikrobiologische Parameter einsetzen, vielmehr beinhaltet dieses Konzept das Erkennen von Schlüsselsituationen durch eine umfassende sachkundige Ablaufanalyse („Werdegang eines Produktes von der Idee über Entwicklung bis zum Verzehr").

3.1.1 Grundlagen

Kritische Kontrollpunkte (CCPs) können Rohwaren, Zutaten, Packmittel, Anlagen, Prozesse (z.B. Temperatur-/Zeitverläufe), Personal, Transport etc. sein. Sie zu erkennen und im Sinne von „beherrschen" unter Kontrolle zu halten, ist die Aufgabe der HACCP.

Um das HACCP-Konzept wirksam werden zu lassen, sind von Beginn einer Produktentwicklung an bis zum konsumgerechten Fertigprodukt Recherchen bzgl. kritischer Punkte unerläßlich.

Das Konzept umfaßt folgende Stufen:

- Darstellung aller einzelnen Entwicklungs- und Prozeßstufen sowie das Erkennen von mikrobiologischen, chemisch-physikalischen und sensorischen Risikofaktoren

- Festlegen von CCPs und deren Prüfmethoden
- Spezifizieren von Zielvorgaben zu jedem einzelnen CCP
- Durchführen von Kontrollen und Überprüfung der Zielvorgaben

In der Praxis bezieht sich das HACCP-Konzept auf:

- Identifizierung und Prüfung von Rohstoffen unter Berücksichtigung der „intrinsic parameters" (s. 6.2.2.1), Packmittel sind einbezogen
- Lokalisierung von potentiellen Fehlerquellen/-stellen durch Stufenkontrollen
- Bezugnahme auf „extrinsic parameters" (s. 6.2.2.1)
- Prozeßmonitoring für Korrekturmaßnahmen.

3.1.1.1 Intrinsic parameters – Extrinsic parameters

Die aus dem Angloamerikanischen kommenden Begriffe bezeichnen „innere Faktoren" bzw. Eigenschaften (chemische, physikalische und biochemische), die einem jeden Rohstoff und damit Fertigprodukt eigen sind, bereits über die Mikroflora mitbestimmen und somit Einflüsse auf die spätere Qualität nehmen können. Unter „äußere Faktoren" werden Einflüsse zusammengefaßt, die bei der Lagerung und damit auf die Mikroorganismenflora in, bzw. auf dem Lebensmittel wirken, z.B. Temperatur, Atmosphäre und Partialdrücke von Gasen (Jay 1984; Pichhardt 1993).

3.1.1.2 CCPs - Kritische Kontrollpunkte

Unter kritischen Kontrollpunkten sind lokale Gegebenheiten, Verfahren und Tätigkeiten zu verstehen, bei denen eingegriffen werden kann, bzw. eingegriffen werden muß, um erkannten Risiken zu begegnen, d.h. sie zu eliminieren oder zu mindern.

Es werden zwei Arten kritischer Kontrollpunkte unterschieden:

- **CCP1** garantiert die Beherrschung eines Risikos
- **CCP2** mindert ein Risiko, das jedoch nicht völlig unter Kontrolle gebracht werden kann

In der Regel ist einem CCP1 nur ein Erhitzungsprozeß zuzuordnen, evtl. bei spezifischen Produkten eine deutliche pH- oder aw-Wertsenkung. Diese technologischen Verfahren sind durch permanente Aufzeichnungen zu beobachten und zu dokumentieren. Nur die lückenlose Erfassung kann die Sicherheit garantieren.

Mischen, Mahlen, Zerlegen, Instantisieren, Sprüh- oder Walzentrocknen, Extrahieren etc. sind einem CCP2 zuzuordnen.

Das Kühlen oder Gefrieren ist zweifelsfrei ein CCP2; mit diesem Prozeß ist ein Teilrisiko beherrschbar, nämlich die Vermehrung von mesophilen Organismen, jedoch wird es keinesfalls unter Kontrolle gebracht. (Beispiel: Salmonellenkontamination bei Gefriergeflügel).

3.1.2 Grundsätze

Die Implementierung dieses Konzeptes kann nur unter multidisziplinären Gesichtspunkten (Mikrobiologie, Chemie, Packmittel, Anlagen- und Prozeß-Engineering, Qualitätssicherung, Produktentwicklung) verwirklicht werden.

Dabei sind folgende Schlüsselfragen und Schritte zu berücksichtigen:

– Welche Gefahren gehen von der Produktrezeptur aus (Rohstoffgewinnung, Rohstoffeinsatz, mikrobiologische und toxikologische Gefahrenprofile der Rohstoffe)?
– Für welche Konsumentengruppe ist das Produkt gedacht (gesunde Kinder und Erwachsene, Senioren, Kranke oder Rekonvaleszente, Kleinkinder und Säuglinge)?
– Mit welchen „Hygienefehlern" muß beim Verbraucher gerechnet werden (z. B. Standzeiten, Kühlung)?
– Gewährleisten die Anlagen und Einrichtungen das Herstellen eines normenkonformen Produktes?
– Bieten die Packmittel eine ausreichende Schutzfunktion?
– Festlegung effizienter Prüfmethoden an den lokalisierten CCPs inkl. ausreichender Prüf- bzw. Monitoringintervalle
– Festlegung von Limits für die einzelnen Qualitätsmerkmale (Annahme-/Ablehnungsentscheide)
– Auswahl geeigneter Stichprobenpläne im Hinblick auf das Gefährdungspotential der Rohstoffe und des Fertigproduktes

In-Prozeß-Kontrollen (IPK) und CCPs können – müssen aber nicht – identisch sein. Messungen und Beobachtungen, die zur Prozeßüberwachung ausgeführt werden, die aber auf die Weiterverarbeitung und Qualität keinen Einfluß haben, gelten nicht als CCPs.

3.1.2.1 Gefahrenarten

Die Gefahren (engl.: hazards) sind in der Regel folgenden Ursprungs:

Biologie:

- Mikroorganismen selbst und/oder deren Toxine
- Viren
- Parasiten

Kontrollmechanismen: Rohstoffbeurteilungen; für den jeweiligen Rohstoff geeignete, aussagekräftige Stichprobenpläne; Mensch und Maschine (Anlagen-GHP); Reinigungs- und Desinfektionspläne

Physik:

- Zeit, Temperatur, Druckverhältnisse
- Schutzgas, Evakuierungen von Verpackung
- Fremdkörper

Kontrollmechanismen: Kontinuierliche Verlaufsmessungen, Dichtigkeitsprüfungen (z. B. Rest-O_2-Messungen), Metallabscheider, Siebpassagen

Chemie:

- Oxidation
- pH-Wert
- Umweltkontaminanten
- Aflatoxine

Kontrollmechanismen: Apparative und naßchemische Analytik

Technik:

- Membranpumpen
- Wirbelbett
- Armaturen, Schleusen

Kontrollmechanismen: Primär-Konstruktion (Ingenieurwesen), mikrobiologische Prüfungen am Produktionsort

HACCP – Begriffe, Grundlagen und Grundsätze 77

Die Gefahrenarten sind unter der Autorität des Qualitätswesens und in Zusammenarbeit mit den Bereichen Entwicklung und Produktion/Technik in Gefahrenklassen einzuteilen und hinsichtlich der Kontrollmöglichkeit zu bewerten.

3.1.2.2 Darstellung von HACCP-Maßnahmen

Der Produktionsprozeß ist anhand eines Fließdiagramms so darzustellen, daß die Qualitätssicherungsmaßnahmen jederzeit erkenn- und nachprüfbar sind. Lokalisierte Gefahrenpunkte sind bei den einzelnen Operationen oder Prozeßstufen zu kennzeichnen. Das Fließdiagramm ist mit Zielvorgaben zu ergänzen.

Die nachstehenden Diagramme einschließlich der Zielvorgaben dienen als Beispiele (Abb. 7a–7d).

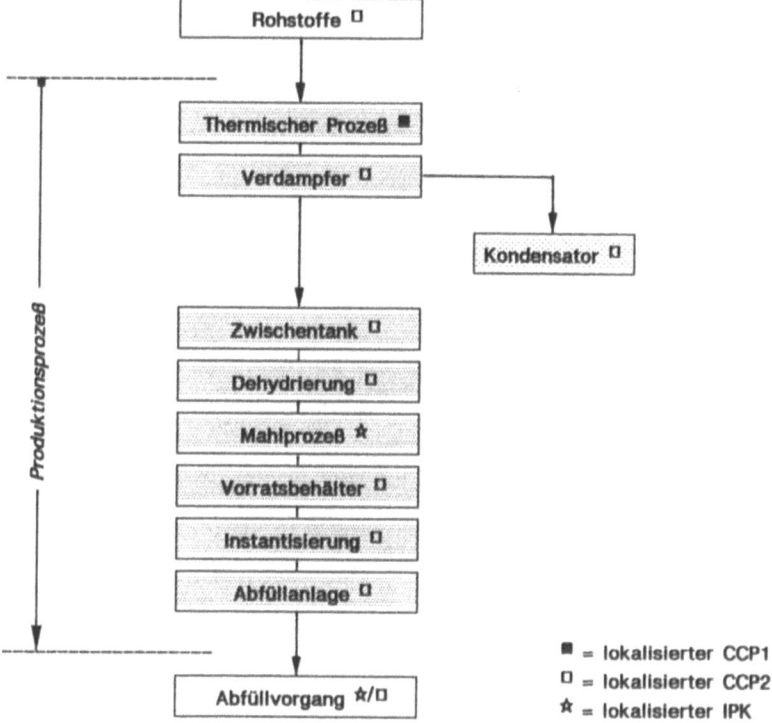

Abb. 7a. Produktionsablauf unter Berücksichtigung kritischer Kontrollpunkte

Gefahrenanalyse kritischer Kontrollpunkte (HACCP)

Prozeßstufe	Mikrobiologie	Chemie, Physik, Sensorik
Rohstoff	CCP2: Probenahmeplan	
Therm. Prozeß		CCP1: Zeit/Temp./TS %
Verdampfer	CCP2: Gesamtkoloniezahl < 1.000 per g Enterobakterien < 10 per g	CCP2: TS %
Kondensator	CCP2: Enterobakterien < 10 per g	
Zwischentank	CCP2: Enterobakterien < 10 per g	
Dehydrierung		CCP2: Temp./Vakuumkontrolle
Mahlprozeß		IPK: Siebpassage, Sensorik
Vorratsbehälter	CCP2: Enterobakterien nach der Reinigung nicht nachweisbar (Oberflächenabstrich)	
Instantisierung	CCP2: Enterobakterien < 10 per g	IPK: Benetzbarkeit, Sensorik
Abfüllanlage	CCP2: Enterobakterien nach der Reinigung nicht nachweisbar (Oberflächenabstrich)	
Abfüllvorgang	CCP2: Probenahmeplan	CCP2: Dichtigkeit der Packmittel, Wiegekontrolle, Lotkennzeichnung

Abb. 7b. Zielvorgaben für kritische Kontrollpunkte

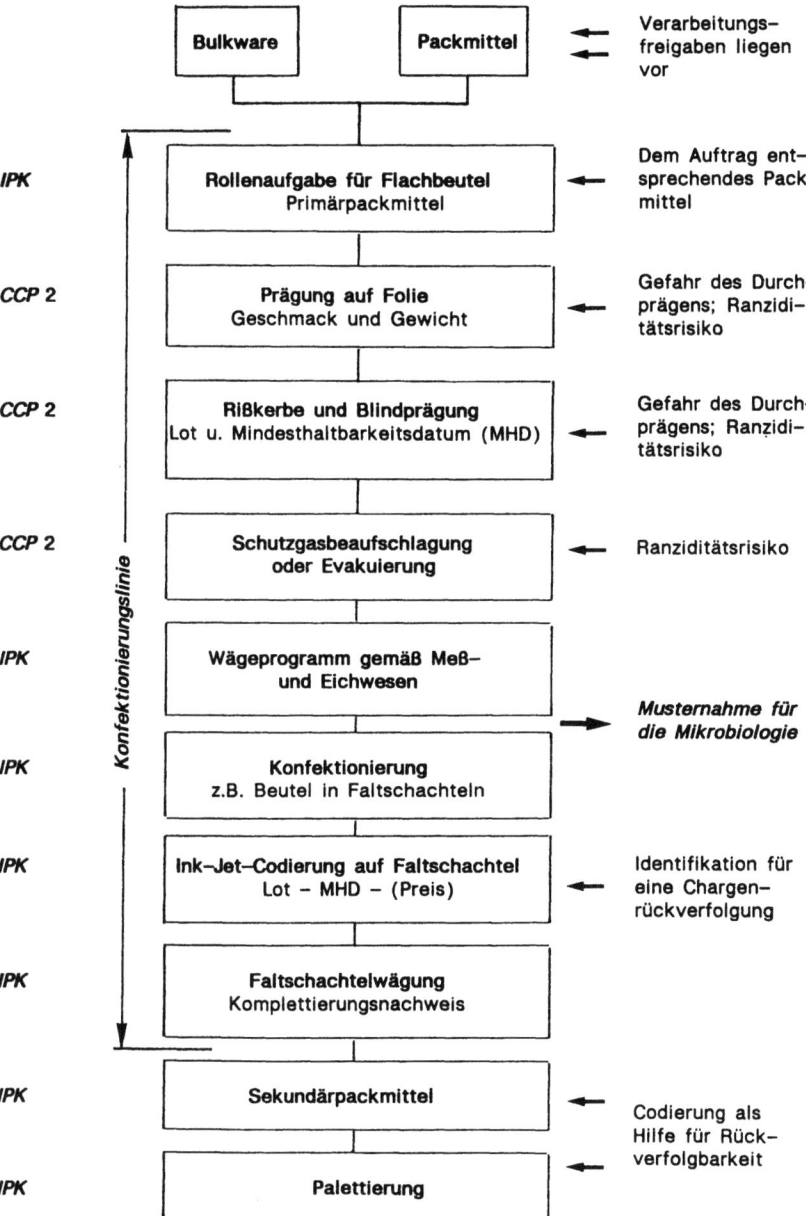

Abb. 7c. Beispiele eines Abfüllvorganges (Konfektionierung) inkl. In-Prozeß-Kontrolle (IPK) und kritische Kontrollpunkte (CCP)

80 Gefahrenanalyse kritischer Kontrollpunkte (HACCP)

Kontrollpunkte	Kategorie	Maßnahmen/Prüfungen/Anforderungen
Rollenaufgabe	IPK	Vergleich des Packmittels mit dem Auftrag, Verwerfen der ersten 10 laufenden Meter, Dickenmessung *Anforderung:* 100 µ +/- 10%
Prägung auf Folie	CCP	Vergleich von Aroma und Gewicht mit dem Auftrag, Prüfung des Klischeesitzes, Rhodamintest *Anforderung:* Kein Rhodaminaustritt
Blindprägung, Rißkerbe	CCP	Angaben zur Blindprägung (Lot und Mindesthaltbarkeitsdatum <MHD>) mit Auftrag und Haltbarkeitsliste vergleichen
		Rißkerbe und Prägeintensität mittels Rhodamintest überprüfen *Anforderung:* Kein Rhodaminaustritt
Schutzgasbeaufschlagung	CCP	Überprüfung der Schutzgaseinrichtung Sequentielle Rest-O_2-Messung *Anforderung:* max. 1,0 % Rest-O_2
Wägeprogramm gemäß Meß- und Eichwesen	IPK	Eingabe der Gewichte gemäß Verpackungsauftrag *Anforderung:* Toleranzen gemäß VO für das Meß- und Eichwesen

Sequentielle Musternahme über die gesamte Abfüllung für die Mikrobiologie gemäß den Vorgaben der Funktion "Mikrobiologische Endprüfung"

Ink-Jet-Codierung auf Faltschachteln	IPK	Vergleich mit Auftrag und Haltbarkeitsliste sowie CCP-Punkt Blindprägung (s.o.) auf Übereinstimmung
Faltschachtelwägung	IPK	*Anforderung:* Soll-Ist-Vergleich
Sekundärpackmittel	IPK	Überprüfung des Packmittels gemäß Auftrag. Vergleich von Lot und MHD mit Auftrag und Haltbarkeitsliste
		Vergleich der Angaben auf Übereinstimmung mit den CCP-Punkten, Blindprägung und Ink-Jet-Codierung (s.o.)
Palettierung	IPK	Palettierung erfolgt ausschließlich gemäß genehmigtem Palettierungsschema

Abb. 7d. Maßnahmen, Prüfungen und Zielvorgaben für einen Abfüll-(Konfektionierungs-)vorgang

4 Chemische, physikalische, sensorische und mikrobiologische Qualitätsprüfung

4.1 Grundsätze und Definitionen

Die Aktivitäten der analytischen und mikrobiologisch/hygienischen Qualitätssicherung sind so auszurichten, daß folgende Ziele erreicht werden:
- Beurteilung von Rohstoffherstellern und deren Qualitätsverständnis und somit Beratung für den eigenen Bereich Einkauf/Beschaffung
- Bestätigung der Normenkonformität von Rohstoffen und Handelsprodukten anhand schriftlich fixierter Spezifikationen
- Installation von Vorsorgemaßnahmen für die Qualitätssteuerung vor, während und nach der Produktion im Hinblick auf eine „Gute Herstellungs-Praxis" (GHP) unter Berücksichtigung von „Gefahrenanalysen und kritischer Kontrollpunkte" (HACCP)
- Musterprüfungen anhand von Qualitätsmerkmalen in allen Stufen des Produktionsablaufes (Qualitätsprüfung)
- Nachvollziehbare Erstellung von Annahme- und Ablehnungsentscheiden sowie die lückenlose Dokumentation von Prüfungsergebnissen
- Volle Kompetenzen für primäre Freigabeentscheide (s. 4.1.3)

Alle Endprüfungen, die einem Lebensmittel zuteil werden, dürfen nicht als Qualitätskontrolle im Sinne einer Fehlersuche mißverstanden werden, durch die ggf. Produktfehler entdeckt werden sollen. Die Endprüfung ist Verifizierung des Rechtmäßigkeitssicherungssystems durch Prüfung der Dokumentation und der darin enthaltenen Ergebnisse. Durch die Endprüfung soll am versandfertigen Produkt verifiziert werden, daß nicht nur nach der gedanklichen Konzeption der Rechtmäßigkeitssicherungssysteme und nach der Dokumentation ein rechtmäßiges Produkt erstellt wurde, sondern auch realiter (Gorny 1990).

4.1.1 Chemische, physikalische und sensorische Qualitätsprüfung

Unter der chemischen, physikalischen und sensorischen Qualitätsprüfung wird die Gesamtheit aller Prüfungen verstanden, die für die Freigabe oder Sperrung von Rohstoffen und Fertigprodukten oder zur Überwachung ihres Qualitätsniveaus erforderlich sind.

4.1.2 Mikrobiologische Qualitätsprüfung

Die mikrobiologische Qualitätsprüfung hat zur Aufgabe, die Produktion im Sinne einer einwandfreien Lebensmittelhygiene zu steuern und positiv zu beeinflussen. Das In-den-Handel-bringen von Produkten geringer hygienischer Qualität oder gar mikrobiologisch verdorbener Nahrungsmittel bzw. solcher mit schlechter Haltbarkeit soll verhindert werden, außerdem sollen die Konsumenten vor potentiellen Risikokeimen geschützt werden.

Mit der Schulung der Mitarbeiter, insbesondere im Produktionsbereich, fällt diesem QS-Bereich eine besondere Aufgabe zu.

4.1.3 Kompetenzen

4.1.3.1 Primärer Entscheid

Die Qualitätssicherung trifft nach Vergleich der Qualitätsprüfungsergebnisse mit der Spezifikation (Anforderungen) den primären Entscheid über die Freigabe eines Produkts, Freigabe mit Vorbehalt oder dessen Rückweisung. Sie kann außerdem Ausgangsmaterialien für die Produktion sperren oder die Auslieferung von Produkten verhindern.

Die Regelung gilt auch, wenn Untersuchungen für die Überprüfung der Erfüllung von Spezifikationen nicht in den eigenen Labors der Qualitätssicherung durchgeführt werden.

Beim Entscheid *Freigabe mit Vorbehalt* (oder einer anderen Formulierung mit dem Sinn einer Beschränkung der Freigabe) wird der erlaubte Verwendungszweck eindeutig angegeben. Diese Beschränkung gibt Gewähr dafür, daß beim erlaubten Verwendungszweck die Spezifikationen gemäß den Ergebnissen der Prüfungen erfüllt sind.

4.1.3.2 Sekundärer Entscheid

Der sekundäre Entscheid wird durch die Geschäftsleitung (oberste Leitung), gegebenenfalls unter Einbeziehung weiterer Organe wie z. B. Marketing oder Produktion, gefällt und zwar auf Grund der Beurteilung und Stellungnahme der Qualitätssicherung.

4.1.4 Definitionen

Anforderungen
Sollwerte für Qualitätsmerkmale, sie können als Minimum, Maximum oder Bandbreite ausgedrückt werden. In der Mikrobiologie sind die Begriffe Richt- und Warnwerte sowie Grenz- und Toleranzwerte gebräuchlich (Pichhardt 1993; Schweizerisches Lebensmittelbuch 1985).

Analysenmethode
Eine Analysenmethode beschreibt die Prüfung eines Qualitätsmerkmals. Die Beschreibung beinhaltet:
- Titel und Nummer der Methode
- Prinzip
- Zur Durchführung benötigte Reagenzien
- Genaue Beschreibung der Geräte
- Ausführung der Analyse
- Berechnung, Auswertung und Darstellung der Ergebnisse
- Genauigkeit der Methode
- Bemerkungen und technische Erläuterung

Bulkware
Unter Bulkware versteht man ein fertiges Produkt, welches noch mit einer ersten Umhüllung (primäres Packmittel) verpackt werden muß.

CCP
Kritischer Kontrollpunkt, besser: Beherrschungspunkt, bei dessen Nichtbeachtung die Qualität der Produkte maßgeblich beeinflußt

werden kann (Verderb bis Gesundheitsgefährdung); man unterscheidet zwischen einem CCP1 und CPP2 (siehe Abschnitt 3.1.1.2).

Charge
Eine verfahrensmäßig einheitliche, bestimm- und abgrenzbare Gesamtheit von Erzeugnissen, die aufgrund ihrer Kennzeichnung, wie z. B. Chargen- oder Lotnummer, Fabrikationsdatum und ihrer Herkunft als zusammenhängend erkannt oder vom Besitzer als zusammenhängend bezeichnet wird, nennt man eine Charge.

Fertigprodukt
Ein Fertigprodukt ist das Endresultat eines Fabrikationsprozesses, welches in einer ersten Umhüllung (primäres Packmittel) verpackt ist.

Gehalt
Der Gehalt gibt den Anteil eines Bestandteils an der Gesamtmenge an.

HACCP (Hazard Analysis Critical Control Point)
Konzept der Gefahrenanalyse durch kritische Kontrollpunkte zur Qualitätssteuerung, welches bereits bei der Produktentwicklung Berücksichtigung findet.

Halbfabrikate
Zwischenprodukte, die nicht direkt in den Verkauf gelangen, sondern als Teile für ein noch herzustellendes Fertigprodukt dienen.

Haltbarkeitsfrist
Zeitspanne, innerhalb derer ein Produkt unter definierten Bedingungen (Verpackung, Temperatur, relative Feuchte etc.) seine spezifischen Charakteristika behält und somit den Anforderungen entspricht.

Herstellungsqualität
Die Herstellungsqualität gibt den Grad an, in welchem das hergestellte Produkt der Sollqualität entspricht.

Homogenität
Gleichmäßige Verteilung von Inhaltsstoffen. Mit dem Grad der Homogenität steht und fällt der Wert von Stichprobenplänen (problematisch bei Kontaminanten).

In-Prozeß-Kontrolle (IPK)
Kontrollen, die im Verlauf der Produktion und Verpackung ausgeführt werden und deren Resultate zur Qualitätssteuerung und -beurteilung dienen.

Kontroll-(Prüfungs-)vorschrift
Diese Vorschrift listet Qualitätsmerkmale bzgl. Zeitpunkt und Umfang der notwendigen Prüfungen auf. Sie enthalten auch die Spezifikationen.

Lagerbedingungen
Umschreibung der Parameter, welche die Qualität des Produktes während der Lagerung beeinflussen, z.B. Temperatur, relative Feuchte, Licht und Lichtschutz, Verpackung etc.

Musterzug-(Stichproben-)plan
Diese Vorschrift regelt die Bereitstellung der Analysenmuster einer Charge oder Lieferung und berücksichtigt besonders das Herstellverfahren und/oder die Gebindeanzahl und -größe.

Präzision
Der Grad der Übereinstimmung von Meßwerten bei wiederholter Analyse gibt die Präzision dieser analytischen Methode an. Die Präzision wird durch die Standardabweichung quantifiziert.

Produkt
Ein Produkt kann ein Rohstoff, Halbfabrikat, Bulkware oder ein Fertigprodukt sein.

Produktdokumentation
Die Produktdokumentation enthält alle Aussagen, die ein Produkt beschreiben, z.B. 100%-Formel und Zutatenliste, Rohstoff- und Packmittelspezifikationen, HACCP's inkl. Kontrollmöglichkeit, Herstellvorschrift, prognostizierte Haltbarkeit, Lagerbedingungen, Fertigproduktspezifikation. Sie wird vom Bereich Entwicklung erstellt.

Qualitätsmerkmale
Qualitative und quantitative Eigenschaften, die das Beurteilen eines Produktes ermöglichen.

Richtigkeit
Das Vermögen mit einer analytischen Methode Werte zu bestimmen, die dem wahren Wert der zu messenden Größe hinreichend nahe kommen, bestimmt deren Richtigkeit.

Rohstoffe
Ausgangsmaterialien, die zu einer weiteren Verarbeitung in Lebensmitteln bestimmt sind.

Rückstellmuster
Muster, die als Qualitätsbeleg einer Charge oder Lieferung zurückbehalten werden.

Sollqualität
Die Sollqualität gibt den zu erreichenden Standard mit Bandbreite an, der während der Entwicklung erarbeitet wurde. Sie definiert die technisch reproduzierbare Qualität des Produktes und ist durch dessen Komposition, das Grundverfahren zur Herstellung und die Spezifikationen charakterisiert.

Spezifikation
Gesamtheit der Qualitätsmerkmale eines Produktes, einschließlich der dazugehörigen Anforderungen.

4.1.5 Prüfungen in Abstimmung mit dem Herstellprozeß

Die analytischen, sensorischen und mikrobiologischen Qualitätsprüfungen, welche auch die Packmittelprüfung beinhalten (siehe Kapitel 5), erfolgen grundsätzlich in den Bereichen:

Rohstoffe
Prüfung jedes von außen ins Werk eingeführten Rohstoffes (Eingangsprüfung).

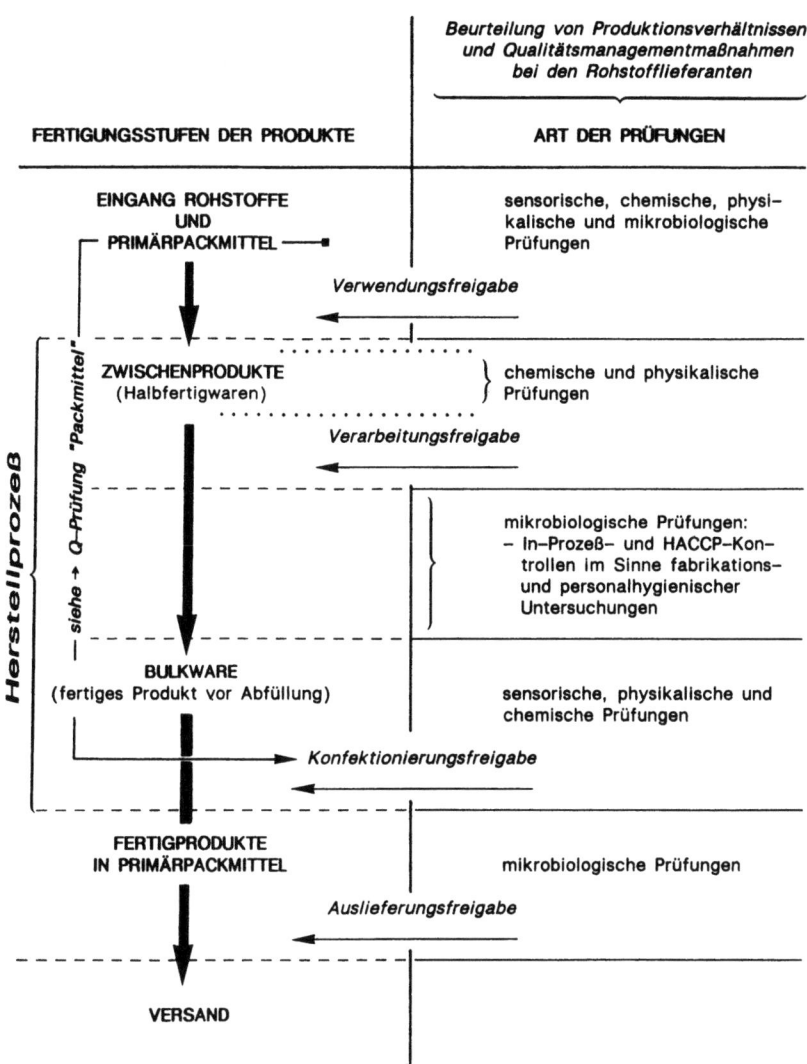

Abb. 8. Herstellprozeß und zugeordnete Prüfungen

Produktionskontrolle
Prüfung jedes Produktionsloses, entweder während des Herstellprozesses (In-Prozeß-Kontrolle = IPK und HACCP), als Bulkware (analytische und sensorische Endprüfung des fertigen Produktes vor Konfektionierung/Abfüllung) oder in besonderen Fällen als Fertigprodukt nach der Konfektionierung. Diese Kontrollen dienen als Grundlage für die von der Qualitätssicherung zu erteilenden Freigabeentscheide in bezug auf Analytik und Sensorik.

Fertigproduktkontrolle
Prüfung der Fertigware in Originalverpackungen; dient der Funktion Mikrobiologie als Grundlage für den Freigabeentscheid, da der Verpackungsprozeß hierbei mit erfaßt wird. Ansonsten wird die Fertigproduktkontrolle zur periodischen Überwachung des Qualitätsniveaus oder zur Anpassung von Haltbarkeitsfristen angewandt.

4.1.6 Spezifikationen

Für sämtliche Prüfungen (Rohstoff-, Produktions-, Fertigproduktkontrollen) sind Spezifikationen, d. h. Qualitätsmerkmale mit entsprechenden Anforderungen produkt-, prozeß- bzw. formenspezifisch festzulegen.

Für Qualitätsmerkmale, welche zu einer qualitativen Beurteilung führen, z. B. Aussehen, Geschmack, Geruch, Farbe etc., werden beschreibende Anforderungen, z. B. Vergleich mit einem Standard, angegeben.

Quantitative Anforderungen können als Minimalwert, Maximalwert oder Bandbreite angegeben werden. Die Anforderungen dienen neben den gesetzlichen Vorschriften der Beurteilung der Verwendbarkeit von Rohstoffen und Fertigprodukten. In jedem Falle werden die Ergebnisse der Untersuchungen auf Übereinstimmung mit den Anforderungen geprüft.

Bei Nichtübereinstimmung der Ergebnisse mit den Anforderungen erfolgt zunächst eine Nachprüfung. Führt auch die zweite Untersuchung zu den gleichen Ergebnissen wie die erste, erfolgt die Sperrung der Produkte oder die Freigabe mit Vorbehalt.

Es werden keine Rohstoffe verarbeitet und keine Fertigprodukte ausgeliefert, die nicht von der Qualitätssicherung freigegeben wurden.

4.1.7 Analytische und mikrobiologische Methoden

Für jedes Qualitätsmerkmal muß eine Analysenmethode angegeben werden. Die Methoden zur Analyse von Fertigprodukten werden am Ende einer Entwicklung eines Produktes durch die Qualitätssicherung bestimmt. Sie sind schriftlich fixiert (siehe Abschnitt 4.1.4) und basieren auf anerkannten Methoden (Baltes 1987; BGA 1971; FDA 1990; ICNSF 1978; Matissek, Schnepel u. Steiner 1989; Pichhardt 1993; Rauscher, Engst u. Freimuth 1986; Schmidt-Lorenz 1981; Speck 1984; Schweizerisches Lebensmittelbuch 1985), sofern solche für das zu untersuchende Lebensmittel vorhanden sind.

Methoden zu Qualitätsmerkmalen für Rohstoffe sind in Abstimmung mit dem Rohstoffhersteller zu erstellen, um eine Vergleichbarkeit von Ergebnissen zu gewährleisten. Wird eine Prüfung mit einer anderen Methode durchgeführt als derjenigen, die für die Festlegung der Anforderungen ausgearbeitet wurde, so muß die Genauigkeit der neuen im Vergleich mit der „offiziellen" überprüft werden.

Der Vergleich von mikrobiologischen Analysenergebnissen ist in der Regel zur zulässig, wenn absolut identische Proben im gleichen Zeitpunkt unter methodisch gleichen Bedingungen untersucht werden. Selbst unter diesen „Optimalbedingungen" sind Schwankungsbreiten von bis zu 20% nicht auszuschließen (Schweizerisches Lebensmittelbuch 1985).

4.2 Beschaffung von Ausgangsmaterialien

4.2.1 Allgemeines

Die Herstellung von Lebensmitteln beginnt mit der Beschaffung von Ausgangsstoffen, deren Qualität – im Sinne von Normenkonformität – zu einem wesentlichen Teil die Qualität der damit hergestellten Nahrungsmittel beeinflußt.

Bei den Rohstoffen sind zur Sicherung der normenkonformen Qualität folgende Voraussetzungen zu erfüllen:

– Der Lieferant muß sorgfältig ausgewählt werden; schriftliche Spezifikationen, Rohstoffevaluationen müssen vorliegen.
– Die Rohstoffe werden aufgrund von folgenden Merkmalen differenziert und in Klassen eingeteilt:
  • Herkunft der Rohstoffe
  • Homogenität der Lieferung
  • Gefährdungsgrad des Qualitätsmerkmals

Die Musterzugpläne, welche die Bereitstellung der Mischmuster inklusive der Analysen und Rückstellmuster festlegen, richten sich nach der Klassierung der zu bemusternden Produkte.

4.2.2 Wahl des Lieferanten

Die Lieferanten werden von der Qualitätssicherung in Zusammenarbeit mit dem Bereich Beschaffung/Einkauf sorgfältig ausgewählt. Es müssen schriftlich formulierte Spezifikationen (normenkonforme Qualitätsgarantien) festgelegt werden, welche bei zukünftigen Lieferungen als Grundlagen für die zu erfüllenden Anforderungen dienen.

Weiter müssen repräsentativ gezogene Muster der Rohstoffe für die Auswahl der Lieferanten geprüft werden. Falls diese den

Anforderungen entsprechen, müssen sie auch nach technologischen Kriterien beurteilt werden. Bei kritischen und/oder mengenmäßig wichtigen Rohstoffen sind vor Aufnahme der Erstlieferung und später periodisch Betriebsbesuche (Audits) bei den betreffenden Rohstofflieferanten durchzuführen. Qualitätsfragen im Rahmen der „Guten Herstellungspraxis" (Organisation der Qualitätssicherung, Qualitätsbewußtsein und -politik, Herstellung, Kontaminationsmöglichkeiten usw.) werden dabei beurteilt und mit den Lieferanten abgesprochen.

4.2.3 Wareneingang Lager (Eingangsprüfung I)

Nach Eingang einer Rohstofflieferung ist diese zunächst vom Lagerpersonal auf folgende Merkmale zu prüfen:

- Vergleich der Angaben der Ablieferungspapiere (Beschriftung, Gewicht, Anzahl der Gebinde, Herkunft) mit der tatsächlichen Lieferung
- Zustand der Paletten (nahrungsmittelkonform)
- Beschädigungen, äußerer hygienischer Zustand der Gebinde

Entspricht ein Merkmal den festgelegten Anforderungen nicht oder sind Gebinde beschädigt oder verschmutzt, so muß die betroffene Ware beanstandet und die Qualitätssicherung hinzugezogen werden. Die Qualitätssicherung entscheidet über eine eventuelle Rückweisung der Lieferung oder der Gebinde.

4.3 Rohstoffe – Klassierung und Musterzug

Basierend auf einer Risikobeurteilung sind Rohstoffe (sowie auch fertige Produkte) in Risikoklassen einzuteilen. Je nach Beurteilung für eine Gefährdung ist zum einen Art und Umfang der durchzuführenden Kontrollen festzulegen (siehe Abb. 9; Hauert 1982), zum anderen sind Musterzug und Stichprobenpläne auszulegen.

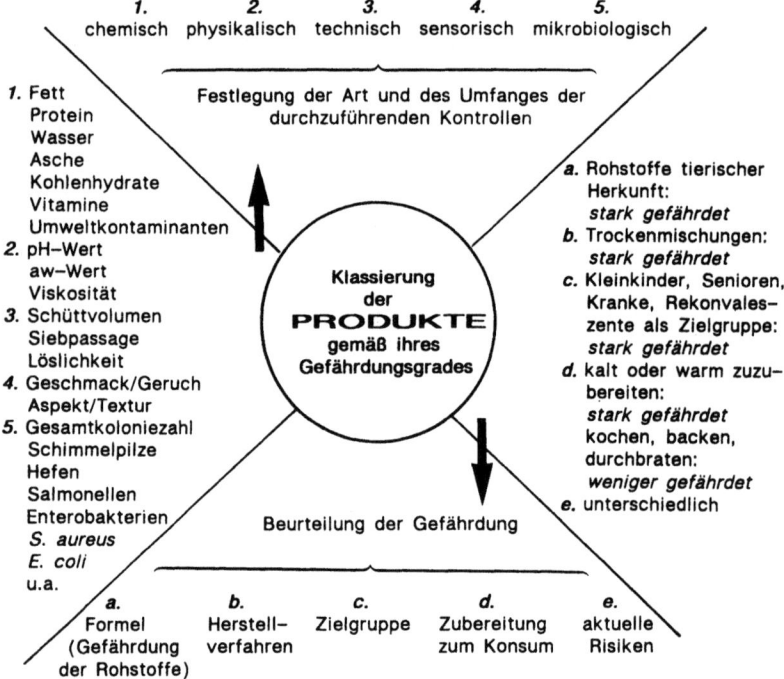

Abb. 9. Rohstoffe, Fertigprodukte und deren Risiken

4.3.1 Funktion Chemie, Physik, Sensorik

Der anzuwendende Musterzug-(Stichproben-)plan richtet sich nach der Klassierung der zu bemusternden Produkte. Klassierung und Stichprobenpläne werden von der Qualitätssicherung festgelegt.

Zur Klassierung von Proben nach Zielsetzung unterscheidet man international (FAO/WHO) wie folgt (Sturm 1951):

- „Fabrikproben"
- amtliche Proben
- Proben zur Erforschung von Schadstoff- oder Umweltbelastungen
- Beschwerdeproben
- Standard-Proben für Marktforschung
- Epidemiologische Proben zur Ursachenforschung
- Proben einer wieder verkehrsfähig gemachten („reconditioned") Partie

Nachfolgend wird die *„Fabrikprobe"* behandelt, die die unternehmerische Qualitätssicherung dokumentiert.

4.3.1.1 Klassierung (n. Schorderct 1987, pers. Mitt.)

Klasse (A): Gefriergüter und in Tankwagen oder Flüssigcontainern angelieferte Rohstoffe (Stoffe wie z. B. Milch)

Klasse (B): Rohstoffe „gelisteter" Lieferanten, Rohstoffe deren Lieferhomogenität sichergestellt ist

Klasse (C): Rohstoffe „vorläufig gelisteter" (siehe Abschnitt 7.2.1) Lieferanten; Rohstoffe, deren Lieferhomogenität nicht sichergestellt ist

Klasse (D): Rohstoffe, welche speziell auf kritische Qualitätsmerkmale (Fremdstoffe, Rückstände wie Pestizide, Insektizide, Aflatoxine, Radionuklide) untersucht werden müssen.

4.3.1.2 Musterzug und Stichprobenpläne

Auf der Grundlage eines Standardstichprobenplanes (Tabelle 1), der bereits unterschiedliche Gefährdungspotentiale und damit differenzierte Probenahmegrößen berücksichtigt, ist die Tabelle 2 erstellt. Diese Tabelle zeichnet sich dadurch aus, daß nunmehr die Klassierung unter Abschnitt 4.3.1.1 sowie der Vorschlag für die Erstellung von Mischmustern integriert wurden.

Tabelle 1. Standardstichprobenplan

Totalzahl der Gebinde (N)	Anzahl der Gebinde, aus denen Proben zu entnehmen sind (m)		
	gekürzter Plan[a] $0{,}5 \times \sqrt{N}$	Normalplan[b] $\sqrt{N}\,]+1$	erweiterter Plan[c] $2 \times \sqrt{N}$
1	1	1	1
2	1	2	2
3	1	3	3
4	1	3	4
5	1	3	4
6	1	3	5
7	2	4	6
8	2	4	6
9	2	4	6
10	2	4	6
25	3	6	10
50	4	8	14
100	5	11	20
300	9	18	34
500	11	23	44
700	16	33	64
1000	16	33	64
1500	20	40	78
2000	23	46	90

[a] $0{,}5 \times \sqrt{N}$: Erfahrungsgemäß unkritische Rohstoffe von bekannt guten (gelisteten) Lieferanten.

[b] $\sqrt{N}\,]+1$: Kritische Rohstoffe von bekannt guten (gelisteten) Lieferanten.

[c] $2 \times \sqrt{N}$: Besonders kritische bzw. unbekannte Rohstoffe; Rohstoffe, bei denen noch ungenügende Kenntnisse vorliegen; noch nicht gelistete Lieferanten.

Ob eine Erstellung von Mischmustern immer sinnvoll ist, muß individuell entschieden werden. Entscheidend ist die homogene Verteilung des betreffenden Qualitätsmerkmals in der Gesamtheit des zu prüfenden Produktes. Ist eine homogene Verteilung fragwürdig, sind stets Einzelstichproben zu prüfen.

Details bzw. Anzahl der Gebinde und Einzelmuster für die Klassen B und C siehe Tabellen 3 a und 3 b. Die Einzelmuster sind zufällig zu ziehen (Zufallszahlen).

Tabelle 2. Bemusterung von Rohstoffen der Klassen A bis D

Klasse	Musterzugplan	Anzahl zu erstellender Mischmuster
A	$n = N^a$	–
B	$n = 0{,}5 \times \sqrt{N}$	1
C	$n = \sqrt{N}$	$\dfrac{n^b}{15}$
D	$n = 10^c$	1^c

[a] n = Stichprobe, N = Losgröße.
[b] Wenn z. B. 15 < n < 30, werden 2 Mischmuster und damit 2 Vollanalysen durchgeführt.
[c] Für Lieferungen, die 10 Tonnen überschreiten, müssen 10 weitere Proben gezogen und daraus 1 weiteres Mischmuster erstellt werden. Das gleiche gilt für alle weiteren 10 Tonnen.

Tabelle 3a. Umfang der Bemusterung von Rohstoffen für die chem.-physikal. Qualitätsprüfung – Klasse B

Anzahl der Packungen pro Lieferung bzw. Produktionseinheit (Losgröße N)	Anzahl der Muster, die zufällig verteilt über die ganze Lieferung bzw. Produktionseinheit zu entnehmen sind (Stichprobe n)
1– 10	1
11– 20	2
21– 40	3
41– 60	4
61– 100	5
101– 200	6
201– 300	8
301– 400	10
401– 600	12
601–1000	14
> 1000	15

Tabelle 3b. Umfang der Bemusterung von Rohstoffen für die chem.-physikal. Qualitätsprüfung – Klasse C

Anzahl der Packungen pro Lieferung bzw. Produktionseinheit (Losgröße N)	Anzahl der Muster, die zufällig verteilt über die gesamte Lieferung bzw. Produktionseinheit zu entnehmen sind (Stichprobe n)
1	1
2– 4	2
5– 10	3
11– 17	4
18– 26	5
27– 36	6
37– 50	7
51– 64	8
65– 100	9
101– 144	12
145– 225	15
226– 400	20
401– 625	25
626–1000	30
> 1000	35

Ein Teil jedes Einzelmusters wird zur Rohstoffidentifikation benützt (Analyse des Einzelmusters und Sensorik), der Rest der Einzelmuster wird zur Durchführung der chemisch-physikalischen Vollanalyse vereinigt (Analyse des Mischmusters).

Zusätzlich zu Klasse und Plan sollen Musterzugpläne die Probenmenge und -verteilung sowie eventuelle Vorsichts- und Sicherheitsmaßnahmen enthalten (siehe Tabelle 4).

Tabelle 4. Musterzugplan Rohstoffe am Beispiel von Magermilchpulver

Rohstoff-bezeichnung	Klasse	Probenahme-menge	Art der Prüfungen	Rückstell-muster	Bemerkungen
Magermilch-pulver	B	150 g pro Gebinde	chem.-physikal.-sensorisch		
	I[a]	50 g pro Gebinde	mikrobiologisch	ja mind. 200 g	sterile Probenahme
	D	10 Stichproben zu je 250 g			

[a] siehe „Mikrobiologische Qualitätsprüfung" Rohstoffe der Klasse I

4.3.2 Funktion Mikrobiologie

Die nachstehende Klassierung (Hauert 1984) basiert auf einer Risikobeurteilung bei Rohstoffen und kann nicht unabhängig von der Verarbeitung zum fertigen Produkt und dessen Verwendungszweck betrachtet werden.

Als Grundlage sind nachstehende Kriterien zu beachten:
- Herkunft der Rohstoffe (pflanzlich, tierisch, synthetisch)
- Herstellung, Gewinnung, Verarbeitung
- Antimikrobielle Eigenwirkung oder Keimvermehrung

Die Beurteilung der Gefährdung gemäß Herstellverfahren hat sich, je nach Produktion, nach den üblich angewandten Prozessen zu richten:
- Mischen/Mixen, Mahlen, Kneten, Schroten
- Sprüh-, Walzen-, Band- oder Gefriertrocknen
- Extrahieren (wäßrige/organische Lösungsmittel, heiß/kalt)
- Fermentieren (kurz/lang, heiß/kalt)
- Sterilisieren, Pasteurisieren
- Kühllagern

4.3.2.1 Klassierung

Klasse I: Rohstoffe, die stark gefährdet sind
- Rohstoffe bei denen auf Grund ihrer Herkunft oder Bearbeitung eine starke mikrobielle Kontamination auftreten kann,
- Rohstoffe, die laut Literatur, Erfahrungsaustausch oder nach eigenen Erfahrungen stark gefährdet sind,
- Rohstoffe neuer bzw. unbekannter Lieferanten sowie neue Rohstoffe bis zum Vorliegen genügender Erfahrungswerte für eine Beurteilung nach der definitiven Klassierung.

Beispiele: Milch und Milchprodukte, Eier und Eiprodukte, Fleisch und Fleischprodukte, Gemüse und Früchte (Mischsalate, Säfte, Extrakte), Mehle, Gelier- und Quellmittel natürlicher Herkunft, Gewürze, Kräuter, Kakaopulver, Nährhefen

Klasse II: Rohstoffe, die weniger gefährdet sind

- Rohstoffe, die erfahrungsgemäß auf Grund der Art und Herstellung keimarm sind und keine mikrobielle Vermehrung ermöglichen,
- Rohstoffe, die während der Herstellung einen ausreichend keimvermindernden Prozeß durchlaufen und anschließend weder mikrobiell rekontaminiert werden können noch eine mikrobielle Vermehrung erlauben.

Beispiele: Fette, Öle, natürliche Aromen, Vitamine, spezielle Fruchtkonzentrate, natürliche Farbstoffe

Klasse III: Rohstoffe, die nicht gefährdet sind

- Rohstoffe, die selbst eine ausreichende antimikrobielle Wirkung aufweisen.

Beispiele: Salze, Säuren, Zucker, Konservierungsstoffe, Aromen, Farbstoffe, Antioxidantien, Emulgatoren und andere synthetische Produkte

4.3.2.2 Musterzug und Stichprobenplan

Der Umfang und die Häufigkeit der Bemusterung sowie der Umfang der mikrobiologischen Prüfung richten sich nach dem Grad der Gefährdung für eine mikrobielle Kontamination.

Bei stark gefährdeten Rohstoffen sind vor der Aufnahme der Erstlieferung und danach periodisch Betriebsbesuche (Audits) bei den betreffenden Lieferanten durchzuführen. Diese Audits haben die Erhöhung der Sicherheit bzgl. der Produktqualität zum Ziel, die im wesentlichen durch Abklärung folgender Punkte zu erreichen ist:

- Hygienische Verhältnisse und hygienische Risiken im Betrieb
- Bewußtsein des Personals für Qualitätsanforderungen sowie für Hygienemaßnahmen im Betrieb und an den Anlagen
- Methoden der mikrobiologischen Qualitätsprüfung (Umfang und Häufigkeit der Bemusterung, fabrikations- und personalhygienische Kontrollen, Methoden der Untersuchungen)

Als Einheit für die Bemusterung gelten Rohstoffe mit gleichem Loscode oder gleicher Lieferung.

Rohstoffe der Klasse I:
Kritischste Rohstoffe (z. B. Eiprodukte, Milchprodukte nicht gelisteter Lieferanten etc.) sind aufgrund besonders starker Gefährdung für eine Salmonellenkontamination – insbesondere bei einer Weiterverarbeitung ohne weiteren keimvermindernden Prozeß oder ohne spezielle Indikationen und Zubereitungen zum Konsum – gemäß dem Foster-Plan (Foster 1971, Pichhardt 1983; s. auch Abschnitt 4.6.2.2), als Kategorie I zu bemustern:

- Von jeder Charge sind aus 60 Gebinden, zufällig verteilt über die gesamte Einheit, 25 g pro Gebinde zu bemustern.
- Bei weniger als 60 Gebinden pro Charge werden trotzdem 60 Muster á 25 g, jedoch pro Gebinde mehrere Proben an verschiedenen Stellen erhoben.
- Für die Gewährleistung der zufälligen Verteilung dienen sogenannte Zufallszahlen (Bozyk u. Rudzki 1971).

Die Einzelentnahmen können zu Poolproben vereinigt werden. Der mikrobiologische Laboraufwand wird dadurch erheblich reduziert (Pichhardt 1993).

Für die systematische Bemusterung kontinuierlich hergestellter Pulverprodukte, z. B. sprühgetrockneter Milchpulver, Caseinate etc., bei denen Kontaminationen sehr unterschiedlich verteilt sein können, ist die kontinuierliche Bemusterung (Habraken 1986) während der Produktion vorzusehen.

Dazu werden systematisch 2,5-g-Proben je 75 kg Pulver entnommen, insgesamt 750 g je Charge von 20 t und auf die Abwesenheit von Salmonellen geprüft. Zudem sollte eine Untersuchung auf Enterobakterien in 15 Proben je 1 g pro 20 t Pulverprodukt durchgeführt werden.

Alle übrigen Rohstoffe sind pro Lieferung gemäß Tabelle 5 zu bemustern, wobei die Menge pro Muster 30–50 g betragen soll. Rohstoffe, die erfahrungsgemäß für eine Kontamination mit Salmonellen gefährdet sind, werden gemäß Foster-Plan, Kategorie II (aus 30 Gebinden, zufällig verteilt über die gesamte Charge oder Lieferung, je 25 g) bemustert.

Rohstoffe der Klasse II:
Bei Rohstofflieferungen mit **weniger** als 5 Lieferungen pro Jahr werden von mindestens 1 Lieferung mindestens 5 Muster erhoben; die Menge eines Musters beträgt 30–50 g.

Tabelle 5. Bemusterungsumfang von Rohstoffen der Klasse I, die **nicht** der Kategorie I und II gemäß Foster-Plan zugeordnet sind (Hauert 1984)

Anzahl der Packungen pro Lieferung bzw. Produktionseinheit (Losgröße N)	Anzahl Muster, die zufällig verteilt über die gesamte Lieferung bzw. Produktionseinheit entnommen wird (Stichprobe n)
1	1
2– 4	2
5– 8	3
9– 20	4
21– 30	5
31– 40	6
41– 50	7
51– 70	8
71– 100	9
101– 200	12
201– 1 000	15
1001– 2 000	20
2001– 5 000	25
5001–10 000	30
> 10 000	40

Bei Rohstofflieferungen mit **mehr** als 5 Lieferungen pro Jahr werden von mindestens 2 Lieferungen mindestens 5 Muster erhoben, die Menge eines Musters beträgt auch hier 30–50 g.
Das Herstellen eines Mischmusters aus den 5 Einzelmustern pro Lieferung ist möglich.

Rohstoffe der Klasse III:
Eine Bemusterung ist nur in speziellen Fällen angezeigt.

Packmittel
Packmittel sind periodisch zu bemustern; die Frequenz richtet sich nach Art der Fertigprodukte (Klassierung Ia und Ib, siehe unter 4.6.2.1). Je Packmittellieferung sind 40 Packungen zu bemustern und zu prüfen. Dabei stehen insbesondere solche Behältnisse im Vordergrund, die bis zur Abfüllung längere Zeit nicht oder nur unzureichend geschützt gegen das Eindringen von Insekten bzw. anderen Lebewesen gelagert wurden.

Speziell auf Packstoffe abgestimmte mikrobiologische Prüfmethoden wurden vom Fraunhofer-Institut für Lebensmitteltechnologie und Verpackung herausgegeben (Fraunhofer-Institut 1989). Mit der DIN ISO-Norm 186 (Deutsche Norm 1982) steht auch ein Probenahmeplan für Prüfzwecke „Papier und Pappe" zur Verfügung.

4.4 Qualitätsprüfung von Rohstoffen

4.4.1 Prüfvorschrift

Eine Prüfungsvorschrift beschreibt, welche Qualitätsmerkmale mit welcher Prüffrequenz (jede Lieferung, periodisch oder fakultativ) für die Freigabe zu prüfen sind. Außerdem enthält sie einen Hinweis auf die anzuwendenden Methoden sowie eine Rohstoffbezeichnung (Produkt-Nr., Produktklasse) und den Namen des Herstellers.

4.4.1.1 Qualitätsmerkmale

Außer den mikrobiologischen Qualitätsmerkmalen sind folgende Merkmale in der Prüfvorschrift enthalten:
- Organoleptische Qualitätsmerkmale (z.B. Aussehen, Geschmack, Geruch)
- Technisch/physikalische Merkmale (z.B. Schüttgewicht, Korngrößenverteilung, Fließverhalten, aw-Wert, pH-Wert, Viskosität)
- Chemisch-physikalische Merkmale (z.B. Farbreaktionen, Schmelz- und Siedepunkt, Spektrum, Chromatographie, Kennzahlen wie Dichte, Jodzahl etc.)
- Reinheit
  Bestimmung von Verunreinigungen, Rückständen (z.B. Aflatoxine, Pestizide, Nitrat, Nitrit, Schwermetalle)
- Gehalt
  Grundanalyse des Nährstoffprofils (Rohprotein, Rohfett, H_2O, Asche, Kohlenhydrate)

Die Prüfvorschrift dient somit als Grundlage für die Beschaffungsspezifikation. Nachstehende Prüfvorschrift zeigt am Beispiel von Magermilchpulver solch eine Dokumentation.

Prüfvorschrift
<inkl. Qualitätsmerkmale, Prüffrequenz und Methodenvorgabe>

LANGTEXT	Magermilchpluver, instant	Version	01
KURZTEXT	MMP, inst.	Status	05
PRODUKT-NR.	50 90 01	August	92
ERSTELLT DURCH	QS /--		
HERSTELLER	Laiterie France		
PRODUKTKLASSE	Milch und Milchprodukte		

	Dimension	Zielwert	Minimum	Maximum	Herkunft d. Daten	Prüffrequenz	Analy. Meth.
CHEM. ANFORDERUNGEN							
Wasser	g/100 g	3,5	-	3,8	Vorgabe	(x)[b]	C51
Protein	g/100 g	-	34,0	37,0	Vorgabe	x [a]	C06
Protein-Faktor	6,38				Literatur		
Fett	g/100 g	-	-	1,0	Vorgabe	# [c]	C72
Asche	g/100 g	-	-	7,7	8,2	Vorgabe	#	C21
Kohlenhydrate als Differenz	g/100 g	-	52,0	56,0	Vorgabe		C12
Säuregrad	ml/g	-	6,8	7,6	Vorgabe	#	CF7
Aflatoxine	ppt	-	-	<200	Vorgabe	x	A71
Toxische Metalle							
-- Blei	mg/kg	-	-	1,0			
-- Cadmium	mg/kg	-	-	0,05	Vorgabe	(x)	EXT
-- Quecksilber	mg/kg	-	-	0,1			
Pestizide	der lokalen Gesetzgebung entsprechend					(x)	EXT
PHYSIK. ANFORDERUNGEN							
Siebpassage	g/100 g			30,0 bei MW 0,1 mm		#	P01
Löslichkeit	innerhalb von 10 bis 50 s (10% Lösung)					x	P04
pH-Wert (10% Konz)	-		6,5	7,6		x	P10
Schüttvolumen							
-- locker	g/100 g	-	190	215	Vorgabe	x	DIN
-- sedimentiert	g/100 g	-	-	170	Vorgabe	x	DIN
Schmutzprobe	mg/25 g			7,5	ADMI Stand.	x	P10
SENSORISCHE ANFORDERUNGEN							
Aussehen/Farbe	blaßgelbliches Pulver					x	S03
Geruch/Geschmack	rein, mild, milchig					x	S04
Textur	freifließend					x	S03
MIKROBIOL. ANFORDERUNGEN		Sollwert	Grenzwert				
Gesamtkoloniezahl	per g	< 10.000	< 50.000		Vorgabe	x	M10
Schimmelpilze	per g	< 100	-		Vorgabe	x	M20
Hefen	per g	< 100	-		Vorgabe	x	M21
Enterobact., total	per g	< 100	-		Vorgabe	x	M31
E. coli	per g	< 1	-		Vorgabe	x	M32
Salmonellen	per 50 g*	nicht nachweisbar			Vorgabe	x	M30
S. aureus	per g	< 10	-		Vorgabe	x	M50
Enterokokken	per g	< 1.000	-		Vorgabe	x	M11

* Bemusterung gemäß FDA Kategorie I bis III

[a] x = jede Lieferung ist zu prüfen
[b] (x) = periodische Prüfung
[c] # = fakultative Prüfung

4.5 Produktions- und Prozeßkontrollen

4.5.1 Funktion Chemie, Physik, Sensorik

Unter Produktions- und Prozeßkontrollen sind diejenigen Prüfungen von Qualitätsmerkmalen zu verstehen – sei es während des Fabrikationsprozesses (In-Prozeß-Kontrollen, IPK) oder als Bulkware (Endkontrollen) – die als Grundlage für den durch die Qualitätssicherung zu erteilenden Freigabeentscheid dienen. Prüfmerkmale und Prüfstellen (Kontrollpunkte) sind im Rahmen der Produktentwicklung durch das HACCP-Konzept (Hazard Analysis Critical Control Point) festgelegt.

In besonderen Fällen – in der Regel aus technischen Gründen – wird die Qualitätsprüfung an Mustern des Fertigproduktes in Originalpackungen (z. B. On-Line-Abfüllung von Flüssigprodukten) durchgeführt. Die Wahl der Qualitätsmerkmale erfolgt produktions-, prozeß- oder lebensmittelform-spezifisch (HACCP-Konzept).

Der Umfang, die Häufigkeit und der Zeitpunkt der Bemusterung und der Prüfungen – d. h. die Entscheidung, ob die Prüfung durch In-Prozeß-Kontrollen oder Endkontrollen erfolgen soll, ob ein Qualitätsmerkmal bei jeder Charge zu prüfen ist oder ob stichprobenartige Kontrollen einzelner Produktionslose ausreichen – richten sich nach

– der Bedeutung der Qualitätsmerkmale für die Produkte und dem Grad der Gefährdung
– dem Grad der Prozeßbeherrschung und den Möglichkeiten zur Prozeßüberwachung.

Die Produkte dürfen nur nach Vorliegen der durch die Qualitätssicherung erteilten Freigabeentscheide weiterverarbeitet bzw. vertrieben werden.

4.5.1.1 Wahl der Prüfkriterien

Für die Wahl der durchzuführenden chemisch/physikalischen und sensorischen Prüfungen werden die Produkte aufgrund folgender Kriterien beurteilt:

- Vorgegebene Anforderungen der Behörden
- Indikation (Kleinkinder, gesundheitlich beeinträchtigte Personen, gesunde Jugendliche und Erwachsene)
- Deklaration (quantitative Angabe, Zubereitungsvorschrift usw.)
- Lebensmittelformen/Herstellverfahren (Pulver, Lösung, Emulsion, Naßmischung, Pasteurisieren, Sterilisieren, Tiefgefrieren)
- Zusammensetzung der Produkte (verwendete Rohstoffe)
- Erfahrungswerte

4.5.1.2 Wahl von Qualitätsmerkmalen

Da die IPKs der Steuerung der laufenden Fabrikation dienen und CCPs potentielle Gefahren beim Entstehen abwenden sollen, sollen die Kontrollen möglichst zeitsparend geplant werden. Aus diesem Grunde werden hier vorzugsweise organoleptische und physikalisch/technische Qualitätsmerkmale wie Aussehen, pH-Wert, Löslichkeit, Feuchtigkeit, Gewicht, Schüttvolumen, Temperatur usw. gewählt.

4.5.1.3 In-Prozeß-Kontrollen (IPK) und HACCP

Unter In-Prozeß-Kontrollen, diese schließen die HACCP-Maßnahmen ein, werden nur jene Prüfungen von Qualitätsmerkmalen verstanden, die im Verlauf der Fabrikation ausgeführt werden. Mit ihrer Hilfe ist es möglich festzustellen, ob ein Produkt **während** einer bestimmten Herstellphase dem festgelegten Qualitätsniveau entspricht. Abweichungen sollen damit frühzeitig erkannt und der Herstellprozeß so gesteuert werden, daß nur solche Ware, die der Norm entspricht, produziert wird.

Durch Zusammenarbeit der Produktentwicklung, Produktion und Qualitätssicherung sind kritische Punkte der Fabrikation (Verfahrensschritte, Anlagen) zu erkennen und die zu deren Überwachung am besten geeigneten Prüfungen, die Art der Probenahme und die Grenzwerte zu fixieren.

Bei den In-Prozeß-Kontrollen soll die Verzögerung durch die Kontrolle möglichst gering sein. Deshalb sollen – wenn immer möglich – die Prüfungen in den Fabrikationsräumen an den Maschinen erfolgen. Sie dürfen – bei gegebener Qualifikation müssen sie – der Fabrikationsabteilung delegiert werden. Die Resultate müssen dabei in den Fabrikationsprotokollen dokumentiert und der Qualitätssicherung zur Beurteilung weitergeleitet werden.

4.5.1.4 Anforderung an IPK und HACCP

Es werden produkt- bzw. prozeßspezifische Eingriffsgrenzen als IPK-Anforderungen festgelegt. Unter Eingriffsgrenzen versteht man diejenigen Anforderungen, die jede in-Prozeß-gezogene Stichprobe erfüllen muß. Fallen Meßwerte außerhalb dieser Grenzen, so muß unverzüglich in den Fabrikationsprozeß eingegriffen, die Ursache gesucht und behoben werden.

4.5.1.5 Spezielle Prüfungen im Rahmen der Fabrikation

In diese Kategorien fallen solche Prüfungen von Rohstoffen und Halbfertigfabrikaten, die unmittelbar vor dem Start eines Fabrikationsschrittes durchgeführt werden. Es werden diejenigen Produkte geprüft, die bezüglich Haltbarkeit, Feuchtigkeits- und Temperaturempfindlichkeit, Homogenität oder Handhabung im Rahmen einer Lagerung besonders gefährdet sind, z.B.:

– Fette und Fettkonzentrate (Ranziditätsprüfung, Geruch)
– Feuchtigkeitsempfindliche Produkte (Aussehen, Trocknungsverlust, Fließfähigkeit)
– Aromen (Aussehen, sensorische Prüfung)

Die Prüfungen sind zusätzlich zu der Freigabeprüfung durchzuführen.

4.5.1.6 Auswirkung der IPK auf die endgültige Qualitätsprüfung

Die IPK-Daten dienen primär der Steuerung der Prozesse, können aber auch für die Freigabeentscheide verwendet werden. Hinsichtlich der endgültigen Qualitätsbeurteilung der Produkte ist das

Ersetzen der Labordaten durch die gewonnenen IPK-Daten und/
oder die Berücksichtigung dieser Daten für die Endbeurteilung
vorteilhaft. Da die IPK/HACCP-Daten fabrikationsbegleitend
erfaßt sind, kann ihren Ergebnissen eine höhere Repräsentanz
zugesprochen werden als solchen Resultaten, die aus einer punktuell gezogenen Stichprobe am Ende einer Fertigung bestimmt
wurden.

Die Prüfmaßnahmen sind mit der Produktion abzustimmen.

4.5.1.7 Musterzugspläne für die Endkontrolle

Bei **diskontinuierlichen Verfahrensstufen**, bei denen das Gesamtprodukt zu *einem* Zeitpunkt den Endzustand erreicht (z. B. Lösungen herstellen, Pulver mischen), ist ein Muster nach der Beendigung dieser Verfahrensstufe zu ziehen und zu beurteilen (z. B. Feuchtigkeitskontrolle, Dichte, Brechungsindex, pH-Wert).

Bei **kontinuierlichen Verfahrensstufen**, bei denen einzelne Produkte nacheinander den Endzustand erreichen (z. B. Riegelherstellung, Konserven), sind systematisch und wiederholt Proben während der Herstellung zu ziehen. Die Häufigkeit hängt von der Produktionsgeschwindigkeit und der Stabilität des Fabrikationsvorganges ab. Der Stichprobenumfang, d. h. wieviele Einzelprüfungen durchzuführen oder welche Menge pro Probe zu entnehmen ist, richtet sich nach Sicherheit, Aufwand pro Messung und Grad der Prozeßbeherrschung.

Die Endkontrollen umfassen alle jene Prüfungen, die an fertigen Produkten durchgeführt werden; diese Endresultate eines Fabrikationsprozesses sind von der Qualitätssicherung freizugeben.

Die Prüfungen werden in den Laboratorien der Qualitätssicherung oder falls diese die entsprechende Ausrüstung nicht besitzt, in anderen spezialisierten Laboratorien durchgeführt.

Die Musterzugspläne werden lebensmittelform- und qualitätsmerkmalspezifisch festgelegt. Die Einheit für die Bemusterung ist die Produktionslosgröße. Für den Fall einer kontinuierlichen Produktion, wo kein klarer Chargennachweis möglich ist, werden diejenigen Gebinde als Bemusterungseinheit gewählt, in denen Bulkwaren für die Abfüllung zwischenlagern.

Die Bemusterungspläne (Tabellen 6a und 6b) werden von der Qualitätssicherung festgelegt. Die Bemusterung kann aber an den Bereich Produktion bzw. den Bereich Lager delegiert werden.

Chemische, physikalische, sensorische, mikrobiologische Q-Prüfung

Tabelle 6a. Musterzugplan für Endprüfungen

Lebensmittelform	Qualitätsmerkmale/Muster für			
	Äußere Merkmale und Sensorik	Chemie / Physik allgemein	Mikrobiologie	Rückstellmuster
Pulver				
– Vor der Konfektionierung	E	F		
– Während der Konfektionierung	G	G		M
– Fertigprodukt	H	H		M
Riegel, Gebäck, Bonbons			siehe Mikrobiologie 4.6.2.1–4.6.2.2	
– Vor der Konfektionierung	G	G		
– Während der Konfektionierung	G	G		M
– Fertigprodukt	H	H		M
Lösungen, Suspensionen, Emulsionen				
– Vor Abfüllung	J	J		
– Nach Abfüllung und Pasteurisierung	K	K		M
– Nach Abfüllung und Autoklavierung	L	L		M
– Nach aseptischer Abfüllung	G	G		M
Konserven	L	L		M

Tabelle 6b. Klassierung zur Tabelle 6a

Klassierung	Vorschrift
E	→ Aus jeder Charge bzw. jedem Gebinde die für die Qualitätssicherung erforderliche Menge repräsentativ ziehen
F	→ Von allen vorliegenden Chargen bzw. Gebinden werden 10 „zufällig" ausgewählt Aus jeder dieser Auswahlchargen wird 1/10 der erforderlichen Menge gezogen und alle Proben werden vereinigt und gemischt Sind weniger als 10 Chargen bzw. Gebinde vorhanden, werden alle Einheiten bemustert
G	→ Die von der Qualitätssicherung geforderte Anzahl Einzelstücke ziehen, gleichmäßig über den letzten Herstellvorgang
H	→ Aus der definierten Gesamtheit eines Fertigproduktes die für die Qualitätssicherung erforderliche Anzahl Packungseinheiten zufällig ziehen

Tabelle 6b. Fortsetzung

Klassierung	Vorschrift
J	→ Pro Fabrikation das für die Qualitätssicherung erforderliche Quantum Lösung entnehmen
K	→ Nach dem Pasteurisieren werden pro Fabrikation die für die Qualitätssicherung erforderlichen Packungen gezogen, gleichmäßig über die vorliegenden Chargen verteilt
L	→ Pro Fabrikation wird die für die Qualitätssicherung erforderliche Anzahl Packungseinheiten gezogen, repräsentativ aus allen Autoklaven
M	→ Pro Charge bzw. pro Fabrikation wird 1 Muster zufällig gezogen

4.5.1.8 Prüfungsvorschriften

Während die In-Prozeß-Kontrollen primär zur Steuerung des Herstellprozesses und zur Korrektur von Störungen dienen sollen, sollen die Endkontrollen einen Rückschluß auf die Zusammensetzung des Produktes, eine Kontrolle der Deklaration und eine Erfassung eventueller Verunreinigungen ermöglichen.

Die Qualitätsmerkmale, die bei der Endprüfung zu kontrollieren sind, sind unter Berücksichtigung der In-Prozeß-Kontrollen produktspezifisch festzulegen.

Im allgemeinen werden die äußeren Merkmale chargenweise geprüft. Pro Produktionslos je nach Anforderung der spezifischen Gesetzgebung, wird die Prüfung auf toxische Rückstände und Verunreinigungen durchgeführt. Parameter des Nährstoffprofiles (Rohprotein, Rohfett, Wasser, Asche, Kohlenhydrate), Vitamine und Mineralstoffe werden je nach Deklaration und eigener Erfahrung sequentiell oder sporadisch überprüft.

Die Qualitätssicherung muß für jedes Handelsprodukt eine Prüfvorschrift für die Produktionskontrolle erstellen (analog Abschnitt 4.4.1.1). Die Prüfvorschrift muß folgendes umschreiben:

– Musterzugpläne
– die Qualitätsmerkmale, die während des Prozesses und/oder bei der Endkontrolle zu prüfen sind
– die Frequenz, mit der diese Qualitätsmerkmale geprüft werden müssen (entweder jedes Produktionslos oder periodisch)

Weiter muß die Prüfvorschrift die Spezifikation enthalten.

4.5.2 Funktion Mikrobiologie

In allen Bereichen der Produktion, inklusive Lagerhaltung, muß Sauberkeit und Ordnung herrschen; es werden alle erforderlichen Maßnahmen zur Aufrechterhaltung eines guten Hygienezustandes den jeweiligen Produktionsprozessen und Produkten entsprechend getroffen.

Räume (Böden, Decken, Wände), Anlagen und Einrichtungen sind periodisch zu reinigen und zu desinfizieren; alle erforderlichen Maßnahmen für die Entfernung von Rückständen und Abfällen werden realisiert, sowie die Entwicklung von Kontaminationsquellen verhindert, bzw. ausgeschaltet, die eine unerwünschte und unkontrollierte Vermehrung und Verschleppung von Mikroorganismen begünstigen würden.

Spezielle Reinigungsvorschriften (vgl. GHP-Richtlinie) für Räume, Anlagen und Einrichtungen in der Produktion sind durch den verantwortlichen Leiter der Produktion in Zusammenarbeit mit der Qualitätssicherung zu erstellen. Die Verantwortung für die Einhaltung der Reinigungsvorschriften liegt bei der Produktion. Die Erfolgskontrolle der Reinigungs- und Desinfektionsmaßnahmen wird durch die Qualitätssicherung durchgeführt.

Besondere Beachtung gilt den Präventivmaßnahmen gegen

- Befall und Verderb von Packmaterialien, Rohstoffen und Produkten in allen Fertigungsstufen durch Schimmelpilze
- Verunreinigung, Befall und Verderb durch Vögel, Insekten und Insektenlarven, Nagern oder sonstigen Tieren.

Das Eindringen von Tieren in Produktions- und Lagerräumen ist in entsprechender Weise zu verhindern. Gegebenenfalls u. U. periodisch, sind Desinfektionsmaßnahmen zur Vernichtung von Schädlingen vorzunehmen.

Beschädigte oder stark verschmutzte Rohstoffgebinde und Paletten sind zurückzuweisen (Beanstandung beim Lieferanten) oder vor einer Einlagerung zu ersetzen bzw. zu reinigen.

Rohstoffgebinde, Paletten, Behälter für Transporte, Lagerung und Verarbeitung von Rohstoffen sind sauber zu halten und ggf. vor dem Einbringen in Produktionsräume zu reinigen.

Periodisch ist eine mikrobiologische Kontrolle der Rohstoffgebinde, Paletten und Transportbehälter auf pathogene und toxinogene Keime, Hygiene-Indikatorkeime, aber auch auf Schimmelpilze durchzuführen.

4.5.2.1 Fabrikationshygienische Kontrollen

Die fabrikationshygienischen Kontrollen sind zusätzliche umfangreiche Kontrollen für die ausreichende Sicherung der mikrobiologischen Produktqualität.

Die Kontrollen dienen dem Nachweis:

- der Abwesenheit pathogener und toxinogener Mikroorganismen sowie anderer Organismen, die die Produktqualität negativ beeinträchtigen können
- der ausreichenden Wirksamkeit von Reinigungs- und Desinfektionsmaßnahmen

Die Kontrollen sind gezielt, d. h. gemäß eines speziellen Hygieneüberwachungsprogramms durchzuführen. In speziellen Fällen und bei besonderen Vorkommnissen sind diese Kontrollen bzgl. Häufigkeit und Anzahl der Proben zu erweitern.

Die wichtigsten Kontrollen für die fabrikationshygienische Überwachung sind:

- Untersuchung von Produkten in verschiedenen Fertigungsstufen
- Prüfung von Produktrückständen auf spezielle Keime
- Abklatsch-, Abschwemmproben (Anlagen, Geräte, Böden, Wände, Toilettenräume, Garderoben, Abläufe etc.)
- Wasserkontrollen

Werden als Ergebnis der Kontrollen betriebshygienisch bedenkliche Keime nachgewiesen, so sind entsprechende Maßnahmen zur Sanierung zu planen und zu realisieren.

4.5.2.2 Personalhygienische Kontrollen

Personalhygienische Kontrollen und insbesondere die Schulung des Personals zu hygienebewußtem Verhalten sowie ausreichende Hinweise auf mikrobiologische Risiken und Gefahren sind zusätzliche, unumgängliche Vorkehrungen zur ausreichenden Sicherung der mikrobiologischen Produktqualität und zu betriebshygienisch einwandfreien Verhältnissen.

Die wichtigsten Kontrollen für die personalhygienische Überwachung sind:

- Untersuchung des Personals (durch Medizinalämter) bei Einstellung und danach periodisch auf die Ausscheidung von Salmonellen/Shigellen

- Registrieren (Betriebsarzt) der Personen mit Krankheiten, die eine Gefährdung für die hygienische Beschaffenheit der Produkte bedeuten
- Kontrolle von WC-Türklinken durch Tupferproben auf Hygieneindikatorkeime
- Kontrolle der Sauberkeit von Arbeitskleidung und Händen
- Beobachten des hygienischen Verhaltens des Personals am Arbeitsplatz

Unter Autorität des Betriebsarztes sind Maßnahmen zu planen, die beim Nachweis von Salmonellenausscheidung oder anderen lebensmittelhygienisch bedenklichen Erkrankungen zu ergreifen sind.

4.6 Qualitätsprüfung von Fertigprodukten

4.6.1 Funktion Chemie, Physik, Sensorik

Die Prüfung von Fertigprodukten dient primär dazu, die Effizienz aller Qualitätssicherungsmaßnahmen während der Produktherstellung (vgl. Aktivitäten unter 4.5) festzustellen.
Sie erstreckt sich auf:

– Periodische Nachkontrolle des freigegebenen fertig konfektionierten Produktes
– Überprüfung von Haltbarkeitsfristen

Können Qualitätsmerkmale nicht am Ort der Herstellung geprüft werden, so ist die tatsächliche Prüfung dieser Merkmale in den Originalpackungen durchzuführen.

4.6.1.1 Periodische Nachkontrolle (Monitoring)

Auf Grund der sorgfältigen Rohstoffbeurteilung und des dokumentierten Herstellprozesses kann in den meisten Fällen auf eine permanente Endprüfung mit zeitraubender Gehaltsbestimmung oder gar Grundanalysen verzichtet werden. Nicht verzichtet werden darf auf eine sporadische Endprüfung (Monitoring). Spezifizierte oder deklarierte Werte bzw. Zusammensetzungen sind daher mindestens 2× jährlich mittels Analyse zu überprüfen. Anhand dieser Endprüfungen werden die Kontrollen „statistisch" überprüft; im Falle einer systematischen Abweichung wird die Deklaration oder die Zusammensetzung (Rezeptur/Herstellvorschrift) entsprechend angepaßt.
Die Festlegung von Haltbarkeiten liegt in der Verantwortung des Bereiches Entwicklung. Der Qualitätssicherung obliegt es, diese Haltbarkeitsfristen periodisch zu überprüfen.
Die periodische Überprüfung beinhaltet sensorische Aspekte, aber auch Parameter spezieller Inhaltsstoffe (z. B. Vitamine). Wer-

den Mängel festgestellt, sind die Haltbarkeitsfristen zu reduzieren. Lassen die Prüfungen erkennen, daß die Haltbarkeiten verlängert werden können, so sind auch in diesem Fall entsprechende Anpassungen vorzunehmen. In beiden Fällen ist die Produktdokumentation zu modifizieren.

4.6.2 Funktion Mikrobiologie

Unter Fertigprodukten sind alle Produkte in Originalpackungen oder Produkte ab Abfüllanlage (Bulkwaren für Abfüllungen in Originalgebinden) zu verstehen. Analog zu den Rohstoffen sind alle Fertigprodukte nach ihrer Gefährdung für eine mikrobielle Kontamination in Klassen eingeteilt.

Sowohl Umfang und Häufigkeit der Bemusterung, als auch der Umfang der mikrobiologischen Prüfungen selbst, richten sich stets nach dem Grad der Gefährdung für eine mikrobielle Kontamination.

Der Vorteil der Endprüfung aus Originalgebinden liegt darin, daß auch der letzte Produktionsabschnitt, nämlich die Abfüllanlage als mögliche Kontaminationsquelle, mit erfaßt wird.

Fertigprodukte bleiben bis zur ausdrücklichen Freigabe durch das Qualitätswesen gesperrt.

4.6.2.1 Klassierung auf Grundlage eines Gefährdungspotentials

Die Beurteilung der Gefährdung von Fertigprodukten erfolgt unter Berücksichtigung nachstehender Kriterien:

- Formel (Rezeptur) der Fertigprodukte (Zuordnung unter Beachtung der in den fertigen Produkten enthaltenen Rohstoffe und deren Gefährdungsklasse)
- Herstellverfahren/-technologie (Trockenmischung ohne keimvermindernde Prozeßstufen; Naßverfahren mit keimvermindernden Prozessen, z.B. Pasteurisieren, Sterilisieren, Kochen, Sterilfiltrieren)
- Indikation, Konsumentenkreis (Produkte für Säuglinge und Kleinkinder, gesundheitlich beeinträchtigte immungeschwächte Personen oder Rekonvaleszente oder gesunde Erwachsene und Jugendliche)

– Verwendung und Zubereitung zum Konsum (genußfertige oder nicht genußfertige Produkte, die gekocht, durchbacken, durchbraten, kalt oder warm zubereitet werden)

Sofern Erfahrungswerte die Erwartungen, die aus der Zuordnung der Produkte zu verschiedenen Gefährdungsklassen resultieren, nicht erfüllen, sind Umfang und Frequenz der Bemusterung – zumindest vorübergehend – zu erhöhen; gegebenenfalls ist eine Umklassierung vorzunehmen.

Klasse I (Fertigprodukte, die stark gefährdet sind):
Diese Produkte enthalten einen oder mehrere Rohstoffe der Gefährdungsklasse I trocken beigemischt oder sind aus anderen Gründen erfahrungsgemäß für eine mikrobielle Kontamination gefährdet, z. B. durch spezielle Produktionsprozesse und -technologien, mögliche mißbräuchliche Zubereitung oder Verwendung durch den Konsumenten oder auch durch unsachgemäße Lagerung, die zu vorzeitigem Verderb führen kann.

Die Klasse I ist in drei Subgruppen, basierend auf Empfehlungen der AOAC und FDA (Näheres unter Abschnitt 4.7), unterteilt.

Klasse Ia: In diese Klasse fallen Fertigprodukte mit hohem Risiko für Salmonellen, die für besonders anfällige Personen (Kleinkinder, gesundheitlich beeinträchtigte Jugendliche und Erwachsene, Rekonvaleszente) bestimmt sind.

– *Risiko 1:* Das Produkt selbst oder einer seiner Bestandteile ist häufig durch Salmonellenkontaminationen gefährdet.
– *Risiko 2:* Während der Herstellung des Produktes erfolgt keine ausreichende Keimzahlabtötung.
– *Risiko 3:* Eine Vermehrung eventuell vorhandener Salmonellen ist bei unsachgemäßer Behandlung des Lebensmittels möglich.

Klasse Ib: Diese Klasse umfaßt fertige Produkte mit allen Risiken der Klasse Ia für eine Kontamination mit Salmonellen und Produkte mit weniger als 3 Risiken für eine Salmonellenkontamination, aber mit einer starken Gefährdung für eine Verunreinigung mit anderen Keimen; diese Fertigprodukte sind für gesunde Jugendliche und Erwachsene, nicht für Kleinkinder gedacht.

Klasse Ic: Diese Klasse beinhaltet Produkte für gesunde Kinder und Erwachsene und enthält nur einen Rohstoff der Klasse I. Dieser muß von einem sehr zuverlässigen Lieferanten stammen oder erfahrungsgemäß gute mikrobiologische Befunde aufweisen. Außerdem werden Produkte, die aus anderen Gründen für eine mikrobielle Kontamination (außer Salmonellen) anfällig sind, der Klasse Ic zugeordnet.
Beispiele sind: Kakao von bekannt zuverlässigen Lieferanten, Trockenfruchtbestandteile, Crisprice, Kokosraspeln. Keinesfalls tierische Produkte unbekannter Herkunft und Herstelltechnologie.

Klasse II (Fertigprodukte, die wenig gefährdet sind):
Die Produkte enthalten entweder keine Rohstoffe der Klasse I oder haben einen ausreichenden keimvermindernden Prozeß erfahren. Eine Rekontamination bzw. eine Vermehrung noch vorhandener Keime ist unwahrscheinlich.
  Die Klasse II ist in zwei Subklassen unterteilt:

Klasse IIa: Diese Klasse beinhaltet Fertigprodukte für besonders anfällige Personen wie Kleinkinder, gesundheitlich beeinträchtigte Jugendliche, Erwachsene und Senioren.

Klasse IIb: In diese Klassierung fallen Fertigprodukte für gesunde Kinder und Erwachsene.

Klasse III (Produkte mit thermischen Prozeßführungen und sonstige Produkte):
Diese Klasse ist ebenfalls in 3 Subgruppen unterteilt:

Klasse IIIa: Dieser Klasse sind Fertigprodukte zugeordnet, die pasteurisiert oder UHT-behandelt und aseptisch abgefüllt wurden.

Klasse IIIb: Zu dieser Klasse gehören Konserven und Sterilprodukte, die in den verschlossenen Originalgebinden ausreichend hitzebehandelt wurden sowie pasteurisierte oder UHT- (Ultra-Hoch-Temperatur-) behandelte Produkte, die nicht aseptisch abgefüllt, aber in den Originalpackungen mit Hitze nachbehandelt wurden.
Ferner zählen zu dieser Klasse die Backwaren ohne Füllung.

Klasse IIIc: Sonstige Produkte.

4.6.2.2 Musterzug und Stichprobenplan

Häufigkeit und Umfang für eine Bemusterung sind abhängig vom zu untersuchenden Fertigprodukt, immer unter dem Gesichtspunkt der Gefährdung für eine mikrobiologische Kontamination.
Als Einheit für die Bemusterung gilt immer das Produktionslos (s. Abschnitt 4.1.4).

Fertigprodukte der Klasse I:

Klasse Ia: Über das gesamte Produktionslos sind 60 Muster á 25 g gleichmäßig verteilt zu erheben.

Klasse Ib: Produkte mit allen 3 Risiken für eine Salmonellenkontamination: Über das gesamte Produktionslos sind gleichmäßig verteilt 30 Muster á 25 g zu erheben.
Übrige Produkte, d.h. Produkte mit weniger als 3 Risiken für eine Salmonellenkontamination, jedoch starker Gefährdung für eine Verunreinigung mit anderen Keimen: Bemusterung erfolgt gemäß Tabelle 7 (Fertigprodukte der Klasse Ib).

Klasse Ic: Jedes Produkt wird mit mindestens 5 Mustern bemustert, gleichmäßig verteilt über die Losgröße; die Gesamtmenge muß mindestens 200 g betragen.

Tabelle 7. Bemusterung von Fertigprodukten der Gefährdungsklasse Ib „übrige Produkte" (Hauert 1984)

Anzahl der Packungen pro Produktionslos (N)	Anzahl der Muster, die gleichmäßig verteilt über das gesamte Produktionslos zu entnehmen sind (n)
1– 4	1
5– 20	2
21– 50	3
51– 100	4
101– 500	5
501–1000	10
> 1001	15

Fertigprodukte der Klasse II:

Klasse IIa: Fallweise erfolgt eine Prüfung pro Monat bzw. eine Prüfung pro Produktionslos, sofern weniger als ein Produktionslos pro Monat produziert wird. Auch hier sind 5 zufällig verteilte Packungen (Einheiten) zu bemustern, mindestens jedoch 200 g.

Klasse IIb: Fertigprodukte mit weniger als 5 Produktionen im Jahr sind 1mal, solche mit mehr als 5 Produktionen 2mal jährlich zu überprüfen.
Dabei ist zweckmäßig wie folgt zu verfahren:
Werden < 10 000 Packungen pro Produktion hergestellt, sind 5 Packungen pro Produktionslos zufällig verteilt zu entnehmen, mindestens jedoch 200 g, sofern die Überprüfung auf Salmonellen notwendig ist.
Bei > 10 000 Packungen pro Produktion sind 10 Packungen über die Losgröße verteilt zu entnehmen, mindestens jedoch 200 g, sofern die Überprüfung auf Salmonellen notwendig ist.

Fertigprodukte der Klasse III:

Ungeachtet aller Prüfungen zur mikrobiologischen Stabilität ist in vielen Fällen eine Quarantänezeit bis zu vier Wochen erforderlich. Eine Stabilitätsprüfung kann visuell erfolgen oder aber mit Hilfe der Prüfung auf eine „Hydrodynamische Veränderung" (Pichhardt 1992).

Klasse IIIa: Umfang und Häufigkeit der Bemusterung sind abhängig von der Leistung der Abfüllanlagen und des Umfanges einer Produktionsgröße festzulegen.
Je nach Anzahl der produzierten Gebinde pro Stunde sind z. B. alle 10, 20 oder 30 Minuten ein, zwei oder mehrere Packungen zu entnehmen.
Von jedem Produktionslos sind mindestens 50 Packungen über die gesamte Fabrikation gleichmäßig verteilt zu entnehmen.
Bei erhöhten Risiken während der Produktion (Störungen, Änderungen an den Anlagen, Packmittelwechsel), werden je Gefährdung bzw. Indikation der Produkte zusätzlich mehrere aufeinanderfolgende Packungen (2–20) erhoben.
Es ist vorausgesetzt, daß umfangreiche Kontrollen während den Versuchsproduktionen (Prüfung mehrerer 100 Packungen) zur Definition und Überprüfung der Produktionsbedingungen, wie

z. B. Gewährleistung einer ausreichenden Keimverminderung von pasteurisierten Produkten oder der ausreichenden Sterilität bei UHT-behandelten Produkten durchgeführt werden.
Beim Nachweis einer oder mehrerer unsteriler Gebinde müssen Nachkontrollen durchgeführt werden. Dazu sind 100 Packungen gleichmäßig verteilt über die gesamte Produktion zu erheben oder bei UHT-behandelten Produkten zur Ermittlung der Grenzwerte 500 Packungen.

Klasse IIIb: Pro Produktionslos dürfen bei ausreichender Erfahrung mit der unter definierten Bedingungen durchgeführten Hitzebehandlung nicht weniger als 5 Gebinde zur Prüfung erhoben werden. Bei diskontinuierlicher Autoklavensterilisation (Batchverfahren) ist die Autoklavencharge die Produktionslosgröße.
Bei Kindernährmitteln und Produkten für gesundheitlich beeinträchtigte Personen müssen mindestens 10 Gebinde zur Prüfung erhoben werden und das gleichmäßig verteilt über die gesamte Produktion.
Bei einer Änderung der Bedingungen für eine Hitzebehandlung oder bei Unsicherheiten irgendwelcher Art, sowie als Nachkontrolle beim Nachweis einer oder mehrerer unsteriler Gebinde werden 40 Gebinde pro Produktionslos erhoben.

4.7 Besonderes zu Stichprobenplänen

4.7.1 Stichprobenpläne für chemische, physikalische und sensorische Prüfungen

Empfohlene Probenahmepläne existieren für diverse Qualitätsmerkmale sowie für diverse Produkte bzw. Produktgruppen (Sturm 1991). Die unter 4.3.1.2 erwähnten Stichprobenmusterzugpläne sind unter dem Gesichtspunkt der permanenten Qualitätsbegleitung erstellt.

Der Probenahmeplan (Tabelle 8) der bei internationalen Streitfällen anzuwenden ist, bezieht sich zwar nur auf organoleptische und physikalische Kriterien, doch entscheiden gerade diese, vor allem Aussehen, Geschmack, Menge oder Größe meist, über eine Wertminderung.

Dem Plan liegt ein AQL (Akzeptabler Qualitätslevel) bzw. annehmbare Qualitätsbegrenzung von 6,5 zu Grunde. Dieser AQL ist jedoch nicht vertretbar für Annahmekriterien, die ein Gesundheitsrisiko für den Verbraucher bedeuten könnten.

Tabelle 8. Probenahmeplan: I bei normaler Probenahme, II bei Streitfällen (Cod. aliment., s. Sturm 1991) für Erzeugnisse mit Einzelgewichten bis 1 kg

Losumfang der Originalverpackungen (N)	Stichprobenumfang (n) I	II	Annahmezahl (= zulässige Fehlerzahl) für I	für II
4 800 oder weniger	6	13	1	2
4 801– 24 000	13	21	2	3
24 001– 48 000	21	29	3	4
48 001– 84 000	29	48	4	6
84 001–144 000	48	84	6	9

4.7.2 Stichprobenpläne für mikrobiologische Prüfungen

Foster veröffentlichte 1971 einen Stichprobenplan für die Untersuchung von Lebensmitteln auf Salmonellen, der im Prinzip von der „Food and Drug Administration" (FDA) im „Bacteriological Analytical Manual" (FDA 1990) als verbindlich vorgeschrieben ist.

Die Stichprobenpläne für Rohstoffe der Klasse I (s. Abschnitt 4.3.2.2) sowie für Fertigprodukte der Klassen Ia und Ib (s. Abschnitt 4.6.2.2) basieren auf dem sogenannten **Foster-Plan**.

Der **Foster-Plan** stützt sich auf zwei grundlegende Faktoren:

1. Unterschiedliche Lebensmittelarten besitzen auch unterschiedliche Risiken einer Salmonellenkontamination.
2. Mit einem Stichprobenverfahren kann eine Salmonellenkontamination nie mit absoluter Sicherheit ausgeschlossen werden.

Diese beiden Faktoren führen zur Differenzierung in drei produktabhängige Risikofaktoren:

– Das Produkt selbst oder gar einer seiner Bestandteile ist häufig mit Salmonellen kontaminiert.
– Während der Herstellung eines Lebensmittels erfolgt keine Salmonellenabtötung.
– Eine Vermehrung eventuell vorhandener Salmonellen ist bei unsachgemäßer Behandlung des Lebensmittels möglich.

Es ist verständlich, daß ein Lebensmittel, das alle drei produktabhängigen Risikofaktoren aufweist, gefährdeter ist als eines ohne oder mit nur einem oder zwei Risikofaktoren.

Außerdem berücksichtigt der Foster-Plan, daß insbesondere Säuglinge, Alte und Kranke eine höhere Anfälligkeit gegenüber einer Salmonelleninfektion aufweisen.

Alle Fakten zusammen ergeben die Aufstellung eines Schemas mit folgenden Produktkategorien:

– Produktkategorie I: Nichtsterile Lebensmittel für Kleinkinder, alte und kranke Personen
– Produktkategorie II: Lebensmittel mit 3 Risikofaktoren
– Produktkategorie III: Lebensmittel mit 2 Risikofaktoren
– Produktkategorie IV: Lebensmittel mit 1 Risikofaktor
– Produktkategorie V: Lebensmittel ohne Risikofaktor

Tabelle 9 gibt basierend auf diesen Risikobetrachtungen ein Prüf- und Bewertungsschema.

Tabelle 9. Prüf- und Bewertungsschema für 25-g-Stichproben (nach Foster 1971).

Produkt-kategorie	Alle Proben negativ von	Maximal eine Probe positiv von	Mit 95 % Wahrscheinlichkeit ist maximal eine Salmonelle enthalten in
I	60 Proben* (= 1500 g)	95 Proben (= 2375 g)	500 g
II	30 Proben (= 750 g)	48 Proben (= 1200 g)	250 g
III–V	15 Proben (= 375 g)	24 Proben (= 600 g)	125 g

*Die für die Praxis sehr aufwendige Untersuchung von 60 (30; 15 usw.) Einzelmustern à 25 g läßt sich durch Mischmuster (Poolproben) wesentlich vereinfachen (Pichhardt 1983, 1993).

Die Food and Drug Administration (FDA 1950) schlüsselt die Lebensmittel in drei Produktkategorien auf:

– Produktkategorie I: Lebensmittel der Kategorie II, die aber für Säuglinge, alte und kranke Personen bestimmt sind
– Produktkategorie II: Lebensmittel, die normalerweise zwischen Herstellung und Verzehr keinem Prozeß unterworfen werden, der Salmonellen abtötet
– Produktkategorie III: Lebensmittel, die normalerweise einem Prozeß unterworfen werden, der Salmonellen abtötet.

In allen Fällen, in denen aufgrund der Ergebnisse einer wiederholten Untersuchung von Mustern (Rohstoffe oder Fertigprodukte) Unsicherheiten bzgl. Freigabe oder Sperrung bestehen, erfolgt die Bemusterung für eine weitere Untersuchung gemäß der in Tabelle 10 aufgeführten, international anerkannten Stichprobenpläne.

Tabelle 10. Stichprobenpläne nach international anerkannten Richtlinien

Fragliche Keime	Produkt	Bemusterung gemäß	Ergebnisse/ Entscheide gemäß
Salmonellen	Fertigprodukte der Klasse: (nichtflüssige Produkte)	FDA:	
	Ia + IIa	Kategorie I	Vorschriften FDA
	Ib + IIb	Kategorie II	und E. M. Foster,
	IIIb + IIIc	je nach Indikation Kategorie I oder II	AOAC (Association of Official Analytical Chemists)
	Rohstoffe für Fertigprodukte der Klasse: (nichtflüssige Produkte)	FDA:	
	Ia + IIa	Kategorie I	Vorschriften FDA
	Ib, Ic + IIb	Kategorie II	und E. M. Foster,
	IIIb + IIIc	Kategorie III	AOAC
Gesamtkolonie aerober Keime	Fertigprodukte zuzuordnen den Produktgruppen gemäß „Sampling plans for dried foods", Microorganisms in foods 2, ICMSF	Microorganisms in foods 2 ICMSF: Plan/class, n und c	Anforderungen in den Vorschriften für die entsprechenden Produkte
Coliforme			
Gesamtzahl Enterobakterien			Angestrebte Werte und Grenzwerte
S. aureus	Rohstoffe in Abhängigkeit des Fertigproduktes (Zielgruppe, Zubereitung etc.)	Microorganisms in foods 2, ICMSF: Plan/class, n und c	
B. cereus			
C. perfringens			

Einen der gründlichsten Bemusterungspläne für Konserven schlug die ICMSF (1974) vor; dieser Plan soll dann Anwendung finden, wenn keine oder ungenügende Herstell-/Kontrolldaten vorliegen. Die Annahmewahrscheinlichkeit für eine Partie (Charge/Lot) mit 0,025 Fehlern liegt bei 95%.

Diesem Plan liegt ein 4-Stufen-Konzept zugrunde. Handelt es sich z. B. um importierte Ware, kann angenommen werden, daß sich während eines längeren Transportes überlebende Mikroorganismen vermehrt haben. Nach Abschätzen der Risiken könnte in einem solchen Fall evtl. auf eine Vorbebrütung verzichtet werden. Frisch produzierte Waren sind einer Vorbebrütung zu unterwerfen.

Stufe 1: – 200 Packungen nach dem Zufallsprinzip aus einer Partie auf Bombagen und Falzdefekte kontrollieren.
– Sind alle Packungen ohne Befund, erfolgt eine Annahme, bei > 3 defekten Packungen die Ablehnung. Bei 1–2 fehlerhaften Gebinden ist nach Stufe 2 weiterzuprüfen.

Stufe 2: Die gesamte Partie ist einer Kontrolle auf Bombagen und Falzdefekte zu unterziehen. Bei > 1 % Defekten erfolgt die Ablehnung. Bei 1 % und weniger Defekten ist nach Stufe 3 weiterzuprüfen.

Stufe 3: 200 Packungen werden nach dem Zufallsprinzip entnommen und zunächst einer 10tägigen Bebrütung bei 30–37 °C unterzogen. Danach wird auf Bombagen kontrolliert. Bei 1 defekten Packung erfolgt die Ablehnung; sind alle Packungen ohne fehlerhaften Befund, ist nach Stufe 4 weiterzuprüfen.

Stufe 4: 20 Packungen, die nach Stufe 3 kontrolliert werden, sind auf Falzdefekte sowie pH-Wert-Änderungen des Füllgutes zu prüfen. Bei mehr als einer defekten Packung erfolgt die Ablehnung. Sind alle 20 Packungen dagegen ohne fehlerhaften Befund, führt dieses zum endgültigen Annahmeentscheid der gesamten Partie.

Wie bei jedem Bemusterungsplan kann auch dieser keine absolute Garantie für die Abwesenheit spezifischer Organismen geben.

Für UHT-behandelte und aseptisch abgefüllte Packungen liegen die realistischen Anforderungen (angestrebter Wert) für Produkte bei < 1 unsterile Packung pro 1000 Packungen, der Grenzwert von 1 unsterilen Packung auf 500 geprüfte Packungen (Hauert 1984; Teuber 1987). Nach Cerf (1987) liegt der geschätzte maximale Prozentsatz fehlerhafter Einheiten pro Charge (Wahrscheinlichkeitsgrenze 95 %) bei 0,3/0,47/0,63/0,77/0,91/1,04 bezogen auf 0/1/2/3/4/5 defekte Einheiten bei einer Stichprobengröße von n = 1000.

Nachstehend ist ein Stichprobenplan (Abb. 10) aufgeführt, der sicher nachweist, daß keine größeren technischen Mängel während der Produktion aufgetreten sind.

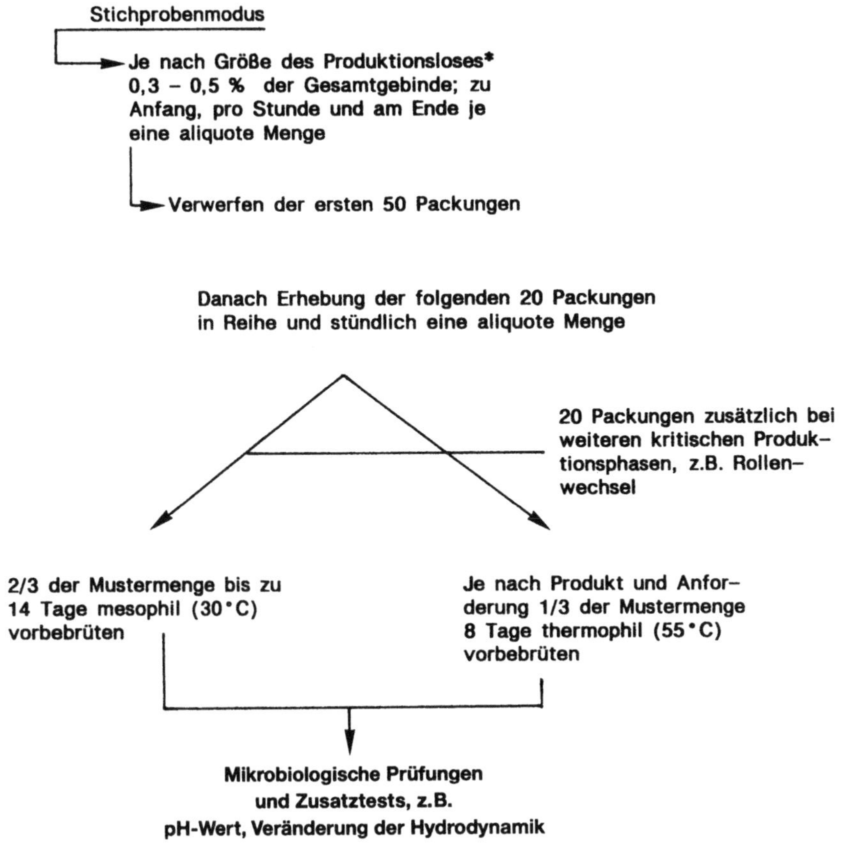

Stichprobenmodus

Je nach Größe des Produktionsloses*
0,3 – 0,5 % der Gesamtgebinde; zu
Anfang, pro Stunde und am Ende je
eine aliquote Menge

Verwerfen der ersten 50 Packungen

Danach Erhebung der folgenden 20 Packungen
in Reihe und stündlich eine aliquote Menge

20 Packungen zusätzlich bei
weiteren kritischen Produktionsphasen, z.B. Rollen-
wechsel

2/3 der Mustermenge bis zu
14 Tage mesophil (30°C)
vorbebrüten

Je nach Produkt und Anforderung 1/3 der Mustermenge
8 Tage thermophil (55°C)
vorbebrüten

Mikrobiologische Prüfungen
und Zusatztests, z.B.
pH-Wert, Veränderung der Hydrodynamik

* Pro 1.000 produzierten Packungen höchstens 5 Packungen erheben, jedoch mindestens 50 Packungen pro Produktionslosgröße (die 20 Packungen bei Beginn bzw. bei kritischen Produktionsphasen nicht einberechnet). Die insgesamt zu erhebende Anzahl Packungen für die mikrobiologische Prüfung beträgt bei normalem Produktionsverlauf, z.B. mit nur einem Rollenwechsel, 90 Packungen pro Losgröße.

Abb. 10. Stichprobenplan

5 Qualitätssicherung der Packmittel

5.1 Grundsätze und Definitionen

Ziel der Untersuchungen und Prüfungen ist die Sicherstellung ausreichender und konstanter Schutzeigenschaften aller verwendeter *Primärpackmittel* für das Produkt; außerdem ist sicherzustellen, daß Störungen im Verpackungsprozeß durch technisch fehlerhafte Packmittel auf ein Minimum beschränkt werden und daß *Sekundärpackmittel* und *Packhilfsmittel* dem Gut eine angemessene Transportsicherheit verleihen.

In vielen Fällen dient das Packmittel als Informations- und Werbeträger für das Produkt und das Unternehmen. Die Sicherstellung der Rechtmäßigkeit der Informationen auf dem Packmittel, z.B. Angaben zur Lebensmittelkennzeichnungs-Verordnung, Nährwertkennzeichnungs-Verordnung etc., liegen nicht im Verantwortungsbereich der Funktion *Packmittelprüfung*, sondern der *Gruppe Normen*.

5.1.1 Organisation der Funktion Packmittelprüfung

Die Qualitätssicherung der Packmittel basiert auf folgenden Voraussetzungen:

- Die Qualitätspolitik der Hersteller von Primärpackmitteln ist auf das Packgut „Lebensmittel" ausgerichtet. Die Qualitätssicherungsaktivitäten sind durch regelmäßige Audits durch die Bereiche Beschaffung und Qualitätssicherung zu prüfen.
- Alle Packmittellieferanten verfügen über schriftlich formulierte Anforderungen (Spezifikationen). Sie liefern nur Packmittel aus, die gemäß ihren eigenen Kontrollen den gestellten Anforderungen entsprechen.
- Die angelieferten Packmittel sind zu bemustern, die Muster auf Erfüllung der Anforderung zu überprüfen.

- Packmittel sind bis zur ausdrücklichen Freigabe durch die entsprechende Funktion Packmittelprüfung für eine Verarbeitung gesperrt.
- Umfang und Frequenz der Bemusterung richtet sich nach dem Gefährdungsgrad (s. 5.1.3 Fehlerklassierung).

5.1.2 Definition der Packmittel

Packmittel lassen sich in drei Kategorien einteilen:
- **Primärpackmittel** sind alle Packmittel, die direkt mit dem Lebensmittel in Kontakt geraten.
- **Sekundärpackmittel** sind Packmittel, die zur Herstellung einer bestimmten Verkaufs-, Lager-, Transport- oder Versandeinheit dienen, z. B. Trays, Versand- oder Ausstellboxen.
- **Packhilfsmittel** sind alle Artikel, die eine bestimmte Hilfsfunktion ausüben, z. B. Klebebänder, Leim, Schrumpf-Folien.

5.1.3 Definition der unterschiedlichen Fehlerbegriffe

Die Begriffe sind in Anlehnung an die DIN 40080 „Verfahren und Tabellen für Stichprobenprüfung anhand qualitativer Merkmale (Attributprüfung)" gewählt, wobei die Definitionen auf Packmaterialien für Lebensmittel abgestimmt sind (Deutsche Norm 1975).

Kritische Fehler 1 (KF)
sind Fehler, die die Gesundheit des Konsumenten gefährden können und somit eine Auslieferung der Gebinde nicht zulassen.

Beispiel: Glasfäden (Affenschaukel) oder Glasspitzen, die abbrechen können (Stempelkleber) im Inneren von Behältnissen, durch Spülen, Wenden oder Ausblasen nicht entfernbare Glas-, Metall-, Kunststoffsplitter

Kritische Fehler 2
sind Fehler, die die Verwendbarkeit des Packmittels sehr stark mindern.

Beispiel: Fehler, die zum Verderben eines Füllgutes führen können, aber sofort nach einer Befüllung festgestellt werden; das Fehlen von Elementen zur Lebensmittelkennzeichnungs-Verordnung; Fehler, die die Maschinengängigkeit stark beeinträchtigen oder unmöglich machen

Hauptfehler (HF)
sind Fehler, die die Brauchbarkeit mindern.

Beispiel: Die Maschinengängigkeit wird beeinträchtigt; Druckfarbentoleranzen über-/unterschritten; nichtgesetzesrelevante Textelemente fehlen

Nebenfehler (NF)
sind Fehler, die die Brauchbarkeit wenig mindern.

Beispiel: Schönheitsfehler wie Farbspritzer an nicht augenfälligen Stellen

Je nach Schwere und nach den Folgen, die ein Fehler verursachen kann, wird er in eine der 4 Fehlerklassen eingestuft; dabei sind Unterklassen individuell möglich.

5.1.4 Gliederung der Packmittelsicherung

Die Qualitätssicherung der Packmittel ist in vier Stufen gegliedert.

- **Ausführungsvorschriften:** Technische Spezifikationen und Zeichnungen, Materialspezifikationen, Anlieferungsvorschriften und Beschreibungen

- **Eingangsprüfung I (Lager):** Annahmeprüfung

- **Qualitätsprüfung II** (s. Abb. 11): Text-, Funktions- und Dimensionsprüfungen, Geruchs- und Migrationstests, evtl. chemisch-physikalische und mikrobiologische Prüfungen

- **Überwachungs- und Zuverlässigkeitprüfungen:** Ständige Erfassung von Fehlern im Produktionsverlauf

   Nur bei Beachtung aller Stufen kann ein gleichmäßig hoher Qualitätsstandard der Packmittel erreicht werden.

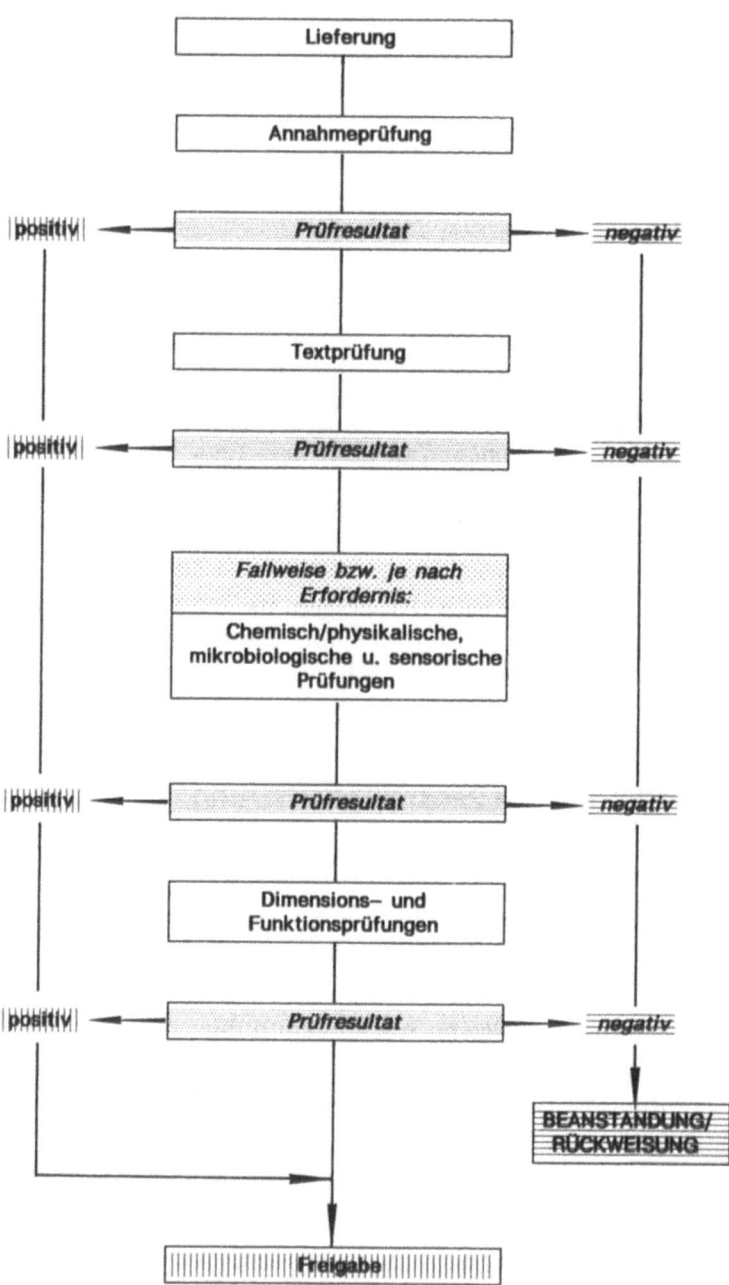

Abb. 11. Ablauf der Packmittelqualitätsprüfung II

5.2 Prüfungen, Bemusterungen und Stichprobenpläne

5.2.1 Prüfungen

Die Qualitätsprüfungen der Packmittel sind in die nachfolgenden Schritte unterteilt:

- Eingangs- bzw. Annahmeprüfung I durch das Lagerpersonal
- Stichprobenentnahme
- Textprüfung
- Meßtechnische und physikalische Eignungsprüfung
- Chemisch-physikalische, sensorische, evtl. mikrobiologische/hygienische Prüfung
- Freigabe oder Beanstandung

5.2.1.1 Annahmeprüfung durch Lagerpersonal

Alle eingehenden Packmittel werden bei Anlieferung durch speziell unterwiesenes Lagerpersonal erfaßt und einer Annahmeprüfung (Eingangsprüfung I) unterzogen, die folgende Positionen umfaßt:

- Beschriftung der Gebinde
- Zustand und Richtigkeit der Außenverpackung
- Mengenkontrolle

Für diese Eingangsprüfung I (Lager) steht eine Prüfanweisung zur Verfügung, die die Parameter Prüfmerkmal, Prüfmethode, Prüfhilfsmittel, Fehleraufteilung sowie Fehlerklasse enthält (siehe Beispiel Eingangsprüfung I).

Das Resultat dieser ersten Prüfung ist zu dokumentieren und das Prüfprotokoll an die Funktion Packmittelprüfung zu leiten. Eine Kopie dieses Dokumentes begleitet den Lieferschein.

Eingangsprüfung I <Lager>

Prüfmerkmal	Prüfmethode	Hilfsmittel	Fehleraufteilung	Fehlerklasse
1. Palettie-rung	Sicht-kontrolle	Plattier-vorschrift	- Höhe vorschrifts-widrig	HF
			- Seitlich mehr als 5 cm Überstand	HF
			- Paletten leicht beschädigt	NF
			- Ladung ungenügend gesichert	HF
2. Außenver-packung	Sicht-kontrolle	Liefervor-schrift	*Beschriftung*	
			- Art.-Nr. falsch	KF
			- Art.-Nr. fehlt	HF
			- Produktname	
			--falsch	KF
			--fehlt	HF
			- Stückzahl	
			--falsch	NF
			--unvollständig	NF
			Außenverpackung	
			- vorschriftswidrig	NF
			- stark verschmutzt	HF
			- leicht beschädigt	NF
			- stark beschädigt	HF
3. Menge	messen/zählen	Liefer-schein	*Abweichungen*	
			- vom Lieferschein > + 3,0%	NF
			- von der Außen-etikette > + 3,0%	HF
4. Unter-mischung	Sicht-kontrolle		*Untermischung*	
			z.B. Text, andere Dimensionen etc.	KF

5.2.1.2 Stichprobenahme

Nach der Annahmeprüfung sind Stichproben zu ziehen und der Funktion Packmittelprüfung zu überstellen. Der Stichprobenumfang ist in den Prüfvorschriften vorgeschrieben (s. 5.2.2).

5.2.1.3 Textprüfungen

Wenn Stichproben von bedrucktem Material bei der Packmittelprüfung eingehen, müssen zuerst Muster für die Textkontrolle entnommen und an die Gruppe Normen geleitet werden.

5.2.1.4 Chemisch-physikalische und mikrobiologische Prüfungen

Sensorische (Migrations-)Tests und Abklärungen über nichtmikrobielle Kontaminationen (mikrobiologisch/hygienische Prüfungen) werden durch die Funktionen Chemie und Mikrobiologie nach Zusendung einer festgelegten Anzahl Muster wahrgenommen. Die protokollierten Prüfresultate sind der Funktion Packmittelprüfung zuzuleiten.

5.2.1.5 Meßtechnische und funktionale Eignungsprüfung

Sofern in der Text- und chemisch-physikalischen und hygienischen Prüfung keine Fehler gefunden wurden, die eine Rückweisung erfordern, führt die Funktion Packmittelprüfung nun alle Meß- und Funktionsprüfungen nach Prüfvorschrift durch (Beispiel Qualitätsprüfung II).

Alle durch Prüfung ermittelten Resultate, begonnen bei der Eingangsprüfung I, über chemisch-physikalische und hygienische Kontrollen bis zur Qualitätsprüfung II sind pro Anlieferung zu sammeln, zu dokumentieren und archivieren.

Qualitätsprüfung II

Säcke aus Kraftpapier mit / ohne PE-Einlage

Prüfmerkmal	Prüfmethode	Hilfsmittel	Fehleraufteilung	Fehlerklasse
1. Außenverpackung	Sichtkontrolle		- beschädigt -- leicht -- stark - stark verschmutzt (Öl, Geruch)	 NF HF HF/KF
2. Menge	zählen	Lieferschein	- Abweichungen von angegebener Menge +/- 1% - Unterlieferung - Überlieferung	 NF HF NF
3. Maße	messen	Spezifikation	- Dimension außerhalb der Toleranz	HF/KF
4. Anzahl Papierlagen	zählen	Spezifikation	- entspricht nicht der Spezifikation	KF
5. PE-Sack	Sichtkontrolle	Spezifikation	- nicht vorhanden (sofern vorgeschrieben)	KF
6. Flächengewicht (Papier und PE)	Vorschrift VP 1130/7	Analysenwaage	- außerhalb der Toleranz	HF/KF
7. Sauberkeit	Sichtkontrolle		- Verschmutzung -- innen -- außen	 KF HF/KF
8. Dichtigkeit der Siegelnähte bei PE-Einlagen	Vorschrift VP 2000	Rhodaminlösung	- Siegelnähte -- leicht undicht -- stark undicht	 HF/KF KF
9. Geruch (PE-Einlage)	Vorschrift DIN 10955		- Geruchsnote < 2 - Geruchsnote > 2	NF HF

5.2.1.6 Freigabe oder Beanstandungen

Auf Grund der ausgeführten Prüfungen ist der Entscheid zu treffen, ob der betreffende Eingang der Losgröße

– freigegeben (primäre Freigabe)
– unter Vorbehalt angenommen (sekundäre Freigabe) oder
– zurückgewiesen

werden muß.

In jedem Falle wird die Entscheidung im Prüfprotokoll der Packmittelprüfung vermerkt.

Der Freigabeentscheid kann für die weitere Verwendung des Packmittels gewisse Einschränkungen beinhalten. Es ist dabei sicherzustellen, daß diese Vorbehalte den für die Verarbeitung der Produkte unmittelbar verantwortlichen Personen zur Kenntnis gebracht werden.

Es sind zweckmäßige und ausreichende Maßnahmen zu treffen,

– daß ausschließlich freigegebene Packmittel eingesetzt werden,
– daß noch in Prüfung befindliche Packmittel nicht eingesetzt werden,
– daß für die Verwendung gesperrte Lieferungen nicht eingesetzt, sondern dem Lieferanten zurückgegeben, bzw. mit Einverständnis des Lieferanten vernichtet werden.

Sofern die Ergebnisse der Untersuchung den Spezifikationen nur teilweise entsprechen, erfolgt eine Beurteilung nach Fehlerart und nach Stichprobenplänen, aus denen die Annahmekennzahl für alle Fehlerklassen bei entsprechender Losgröße ersichtlich ist (s. 5.2.2.2).

Es sind 3 Arten von Beanstandungen möglich:

– Die Packmittel weisen kritische Fehler auf. Die Verwendbarkeit ist deshalb nicht möglich. Die Lieferung ist gesperrt.
– Die Packmittel sind infolge von Hauptfehlern nur bedingt verwendbar (z. B. können die Fehler an der Linie durch Mehraufwand nachgebessert werden oder ist das Packmittel nur auf einer bestimmten Anlage verarbeitungsfähig). Sie können mit einem entsprechenden Vermerk der bedingten Verwendbarkeit freigegeben werden (sekundäre Freigabe), sind jedoch zu beanstanden.
– Die Packmittel haben Nebenfehler (z. B. Farbspritzer an nichtaugenfälliger Stelle; nicht paßgenau aufeinandergeklebte Rund-

umetiketten auf Kartonmanteldosen) und können freigegeben werden, da weder Haltbarkeit des Produktes noch die Maschinengängigkeit beeinträchtigt wird. Gleichzeitig erfolgt eine Beanstandung beim Lieferanten. Bei einer Folgelieferung müssen alle bekannt gemachten Mängel behoben sein.

5.2.1.7 Rücksendung

In allen Fällen der Rücksendung von nichtverwendbaren Packmitteln infolge von Mängeln sind interne Weisungen bzw. Vereinbarungen mit den zuständigen Abteilungen zu berücksichtigen.

5.2.1.8 In-Prozeß-Kontrollen (IPK) während der Konfektionierung

Unter IPK während des Abfüllvorganges und der Konfektionierung zu Fertigpackungen und Versandeinheiten versteht man

– die Sicherstellung konstanter Schutzeigenschaften eines Primärpackmittels gegenüber dem Packgut während des Prozesses,
– die Überwachung der Funktionen von Kontrollgeräten, wie Code-Leser, Ink-Jet-Codierung, Kontrollwaagen,
– Gewichtprüfungen des fertig verpackten Produktes,
– die Bestimmung von Restsauerstoffgehalten bei unter N_2-Schutzgas befüllten Gebinden, Vakuummessungen und Dichtigkeitsprüfung von Siegelnähten.

Die Tabellen 11a und 11b dienen als Beispiel für einen Bemusterungsplan an der Verpackungslinie.

Der IPK kommt besondere Beachtung zu, da durch die Eingangsprüfung I und Qualitätsprüfung II keine vollständige Übersicht über die tatsächliche Verarbeitbarkeit im Verpackungsbetrieb gegeben wird. Es ist deshalb wichtig, auch permanent die Verarbeitungseigenschaften in der Praxis zu überprüfen. Die für die Verpackungslinien Verantwortlichen melden jede Verarbeitungsschwierigkeit der Funktion Packmittelprüfung. Erst diese Rückkopplung ermöglicht ein nahezu vollständiges Bild über die Qualität der Packmittel.

Als letzte Stufe der Qualitätssicherung Packmittel ist die dauernde Überwachung jedes einzelnen Packmittels aufzufassen. Lager- und Transportversuche, optimale Palettierungen, Stauch-

und Fallversuche sind Zuverlässigkeitsprüfungen und ebenfalls Teile einer umfassenden Kontrolle, wie auch eingehende Untersuchungen von aufgetretenen Schäden oder Reklamationen.

Tabelle 11a. Bemusterungsumfang an der Verpackungslinie

Packmittelgruppe	Anzahl befüllter Packungen – gleichmäßig über die ganze Konfektionierung entnommen – am:		
	Vormittag	Nachmittag	bei Konfektionierungs- und Produktwechsel
Kartonmanteldosen	3	3	–
Metalldosen	3	3	–
Evakuierte Metalldosen	5	5	5
Gläser	2	2	–
Flachbeutel	5	5	–
Schlauchbeutel	5	5	5
Flachbeutel und Schlauchbeutel unter Schutzgas abgefüllt	15	15	15
Flügelwickler (z. B. Flowpack)	10	10	10
Kanister aus Metall oder Kunststoff	2	2	2

Tab. 11b. Prüfumfang (nach Elser 1987, pers. Mitt.)

Packmittelgruppe	Gewichtskontrolle	Dichtigkeit der Siegelnähte, Verschlüsse, Falzen	Codierungen	Rest-Sauerstoffgehalt in %	Vakuumprüfung
Kartonmanteldosen		Gemäß den Vorschriften „Meß- und Eichwesen"	C	C	
Metalldosen			C	C	
Evakuierte Metalldosen			A B C	A B C	A B E
Gläser			C	C	
Flachbeutel			C	C	
Schlauchbeutel			C	C	
Flachbeutel und Schlauchbeutel unter Schutzgas abgefüllt			A B C	A B C	A B E
Flügelwickler (z. B. Flowpack)			C	C	
Kanister aus Metall oder Kunststoff			D	D	

Legende:
A: Bei der Abfüllung oder Anlieferung vom Co-Packer
B: Bei Produktwechsel
C: Vor- und nachmittags
D: Sporadisch, jedoch mindestens 1× während der Abfüllung
E: Kontinuierlich

5.2.2 Bemusterungen und Stichprobenpläne

Die Qualitätsbeurteilung einer Packmittellieferung kann nicht auf der Zufälligkeit von ein paar wenigen Stichproben basieren, vielmehr muß eine repräsentative Stichprobe geprüft werden, die durch Umfang und Art der Entnahme die gewünschte Sicherheit gewährleistet. Aus Zeit und Kostengründen ist es allerdings nicht möglich, das gelieferte Packmittel in seiner Gesamtheit zu prüfen. Man sollte anstreben, die Aussage nicht so genau wie möglich, sondern so genau wie nötig zu machen. Stichproben lassen selbstverständlich keine hundertprozentige Aussage über die ganze Lieferung zu; auch Vollkontrollen sind nicht hundertprozentig.

Bei statistisch gesicherten Stichprobenkontrollen kann man jedoch die Größe des Stichprobenfehlers mathematisch genau fassen. Es wird meist mit einer statistischen Sicherheit von 90, 95 oder 99% gearbeitet.

5.2.2.1 Reduzierte Bemusterung

Bei anerkannt zuverlässigen Lieferanten, die nach Bemusterung mehrerer Lieferungen die Qualitätsnormen der Sollvorschrift DIN 40080 erfüllt haben, kann eine reduzierte Bemusterung angewandt werden (Abb. 12).

Die festzulegende Anzahl Einheiten für eine reduzierte Bemusterung ist betriebsintern festzulegen. Sie richtet sich nach dem Lebensmittel und nach dem „Gefährdungsgrad", der von einem Packmittel ausgehen kann.

5.2.2.2 Statistisch gesicherte Stichprobenentnahme

Die statistisch gesicherte Stichprobenentnahme (nach Military Standard MTL-Std 105 D oder DIN 40080; Deutsche Gesellschaft für Qualität – DGQ 1972; Deutsche Norm 1979) ist bei Nachbemusterungen (s. 5.2.2.1) oder bei neuen, noch nicht „gelisteten" Lieferanten vorzusehen.

Die Fehlerbewertungsliste sowie der AQL-Wert (annehmbare Qualitätsgrenzlage = max. Anteil fehlerhafter Einheiten in Prozent) ist zwischen dem Bereich Beschaffung und dem Packmittellieferanten vertraglich festgehalten. Diese Liste ist für alle Lieferanten bis auf Widerruf gültig. Die Fehlerbewertungsliste schränkt die Verbindlichkeit von Zeichnungen, Liefervorschriften und Normen nicht ein.

Später erkannte Qualitätskriterien, die bei der Abfassung der Fehlerbewertungsliste noch nicht bekannt waren, werden dem Lieferanten schriftlich mitgeteilt. Sie werden somit Bestandteil der Fehlerbewertungsliste.

Für die mikrobiologische Prüfung existiert die Norm DIN ISO 186 Papier und Pappe – Probenahme für Prüfzwecke (Deutsche Norm 1982; Fraunhofer-Institut 1988).

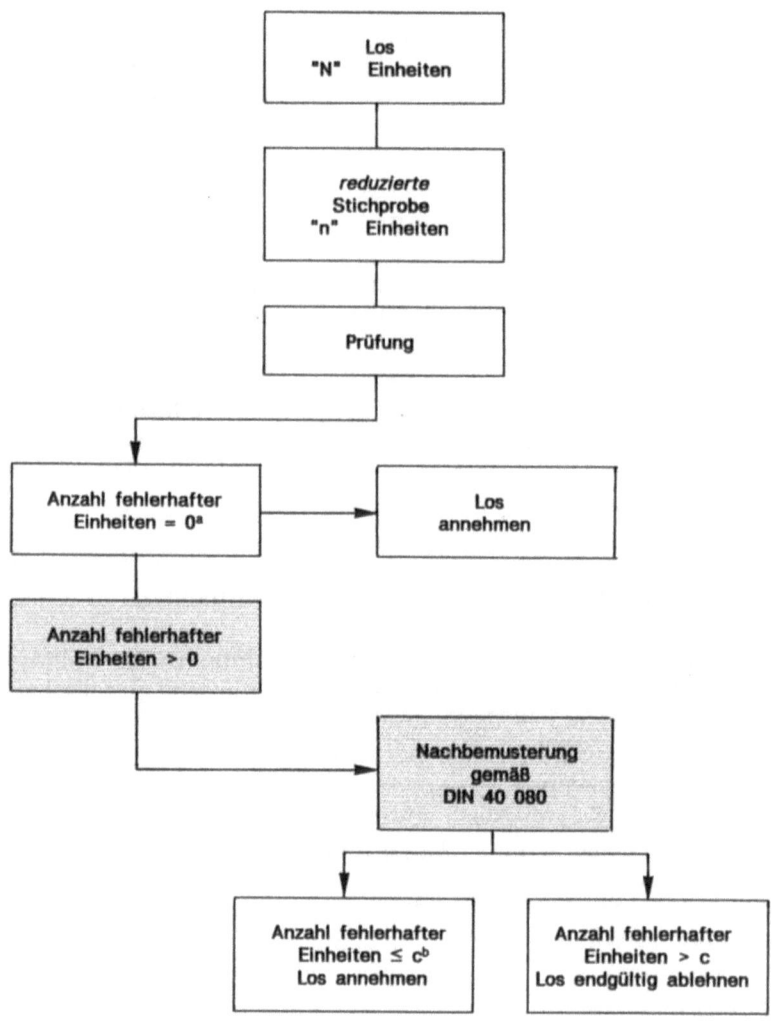

[a] Es darf weder ein kritischer, noch ein Hauptfehler nachgewiesen werden
[b] Zu tolerierende Fehleranzahl pro geprüfter Menge (n) aus Los mit N Einheiten

Abb. 12. Entscheid, von Bemusterung nach DIN 40080 auf reduzierte Bemusterung überzugehen

5.3 Qualitätsprüfung bei Neuentwicklungen (Änderungen)

Im Projektablauf für Neuentwicklungen sind alle Beeinflussungsarten, die die Lebensmittelqualität negativ verändern könnten, zu definieren und festzulegen (Abb. 13).

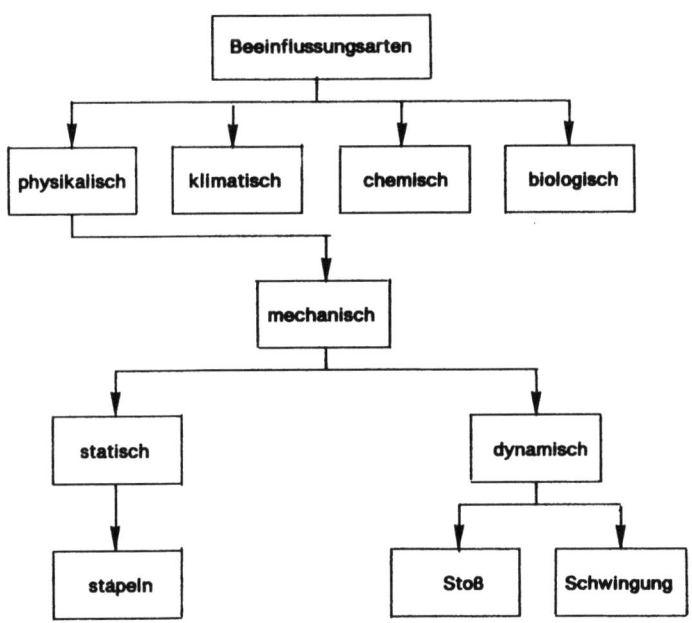

Abb. 13. Beeinflussungsarten, die sich negativ auf die Lebensmittelqualität auswirken können

Vor der Beschaffung für „Nullserienläufe" sind Packmittelzeichnungen, provisorische Spezifikationen und Prüfvorschriften für die Qualitätsprüfung II zu erstellen.

5.3.1 Begutachtungspflicht

Packmittel dürfen grundsätzlich erst nach Begutachtung und Freigabe von Mustern beschafft werden. Muster müssen in genügender Anzahl zur Verfügung stehen, um eine ordentliche Prüfung zu gestatten und, wenn möglich, repräsentativ für die Qualität späterer Lieferungen.

5.3.1.1 Entscheid

Freigabe: Die Qualität der Muster wird akzeptiert und für die Produktion der „Null-Serie" freigegeben.

Änderung: Die vorliegenden Muster bedürfen einer Korrektur und sind neu vorzustellen.

5.3.1.2 Musterarchivierung

Die freigegebenen Muster einer Neuentwicklung oder Änderung von Packmitteln sind zu archivieren, damit bei späteren Unstimmigkeiten eine Vergleichsmöglichkeit gegeben ist.

5.3.2 Revision von Ausführungs- und Prüfvorschriften

In besonderen Fällen können sich bei neuen oder geänderten Packmitteln bei der ersten Serienproduktion oder der Verarbeitung Qualitätsprobleme ergeben. Zeichnungen, Ausführungs- und Prüfvorschriften müssen dann den neuen Gegebenheiten angepaßt werden.

6 Qualitätssicherung in der Entwicklung (Designlenkung)

6.1 Grundsätze und Grundlagen

Dem Bereich Produktentwicklung (Designlenkung) kommt in bezug auf normenkonforme Qualität eine besondere Bedeutung zu. Er ist die zentrale Informations-, Kommunikations- und Dokumentationsstelle für die Entwicklung neuer Produkte, für die Modifikation bestehender Produkte sowie deren Technologien und Prozeßlenkungen.

Die „Produktgeschichte", beginnend bei der Initiierung der Produktidee inkl. Marktanalysen und Mengengerüste, Definition der Kundenzielgruppe, einzusetzende Rohstoffe und deren Gefahrenpotential, Technologie und Prozeßbeherrschung unter Berücksichtigung von GHP und HACCP, Packmittelauswahl, Qualitätskriterien und Haltbarkeitsfristen, Gefahrenklassierung für einen Produktrückruf (s. 9.1.3.1), Distribution inkl. eventueller Exportvorschriften, ist so zu dokumentieren, daß sie jederzeit auf ihre Effizienz und Schlüssigkeit hin überprüfbar ist.

6.1.1 Produktentwicklung – beteiligte Bereiche

Unter der federführenden Dokumentationspflicht des Bereiches Entwicklung (Designlenkung) sind folgende Bereiche innerhalb ihres Kompetenzrahmens am Gelingen einer normenkonformen Qualität des zu entwickelnden Produktes verantwortlich beteiligt:

Marketing
Produktkonzeption, lebensmittelrechtliche Belange, Mengengerüste, Konsumentenzielgruppe, Beachtung des redlichen Handelsbrauches, Distributionskanäle

Produktion/Technik
Bereitstellung von Maschinen und Anlagen, Personal und deren Know-how, Lagerwesen im Sinne einer Gute-Herstellungs-Praxis (GHP).

Einkauf/Beschaffung
Eruierung von Rohstoffherstellern und Packmittellieferanten, Ausstattungsmaterialien

Qualitätswesen
Rohstoff- und Packmittelevaluation, begleitende Prüfungen chemisch-physikalischer und mikrobiologisch/hygienischer Parameter, Gefahrenanalysen und Stufenkontrollen zur Festlegung kritischer Kontrollpunkte (HACCP).

Die Abb. 14a, b zeigt den Ablauf einer Produktentwicklung.

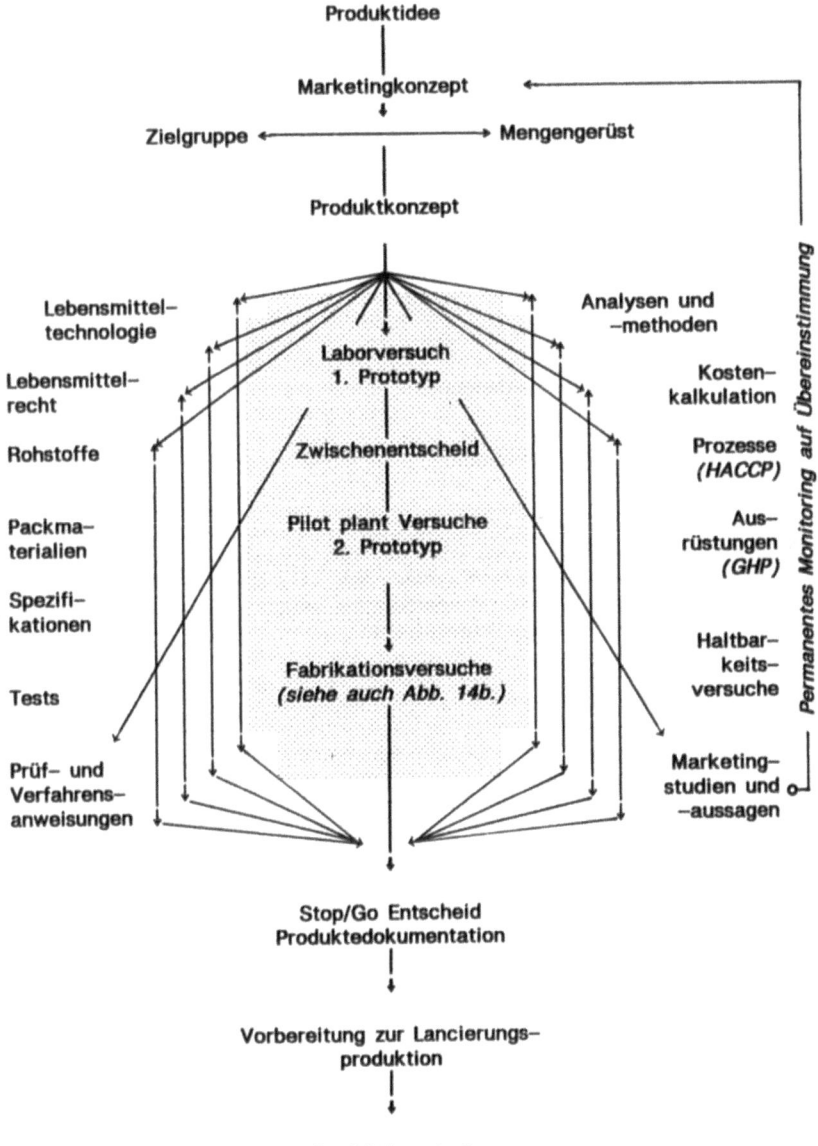

Abb. 14a. Schematische Darstellung einer Produktentwicklung mit den Elementen, die die Qualität beeinflussen

Qualitätssicherung in der Entwicklung (Designlenkung)

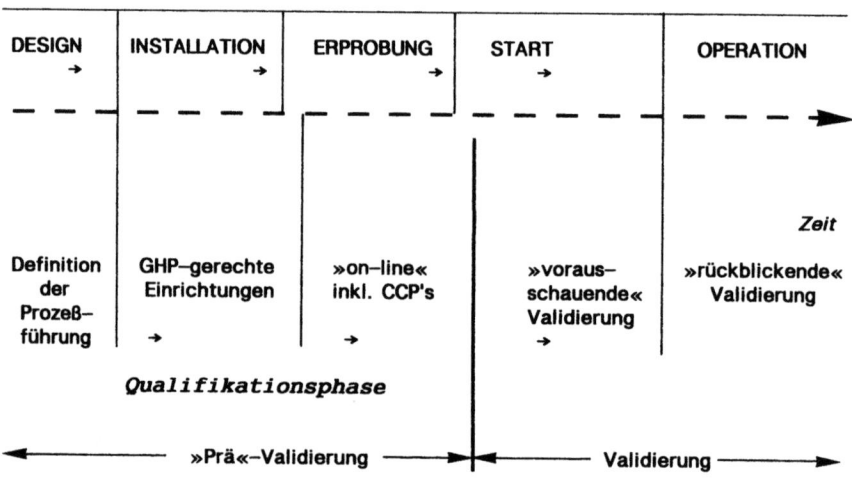

Abb. 14b. Validierungsstufen eines Fabrikationsprozesses
Validieren heißt: Den Nachweis erbringen, daß ein bestimmtes Verfahren mit Gewißheit zu einem einwandfreien Produkt führt. Bei einem validierten (abgesicherten) Verfahren darf keiner der festgelegten Verfahrensparameter willkürlich geändert oder dem Zufall überlassen bleiben.

6.2 Schrittfolge der Produktentwicklung

Die Produktentwicklung wird in 5 Stufen gegliedert:
- Produktentwicklungsantrag des Marketings
- Produktformulierung, Labormuster als 1. Prototyp
- Pilotlinienmuster als 2. Prototyp und 1. Testmuster
- Betriebs- bzw. Produktionsversuche
- Lancierungsproduktion

6.2.1 Produktentwicklungsantrag

Der Antrag für die Entwicklung eines neuen Produktes ist in der Regel vom zuständigen Product Manager zu stellen und vom Marketingleiter per Visum zu sanktionieren.

Der Antrag ist präzise und produktspezifisch zu formulieren und hat mindestens folgende Daten oder Fakten zu enthalten:
- Projekt- bzw. Arbeitstitel, evtl. Projektnummer
- Beschreibung des Produktprofiles (sensorische Anforderungen, spezielle Rohstoff- und Packmittelvorgaben, Mindesthaltbarkeitsvorstellung etc.)
- Projektverantwortlicher (i. d. R. der Product Manager) sowie die Verantwortlichen der Entwicklung (federführend), der verschiedenen Stufen der Umsetzung der Produktion, des Einkaufs und des Qualitätswesens
- Prioritäten und realistische Terminvorgaben

Änderungen des Auftrages innerhalb der Entwicklungsphasen sind durch Ergänzungsfassungen zu dokumentieren; Informationen „auf Zuruf" haben keine Gültigkeit.

6.2.2 Produktformulierung

Bereits zu Beginn der Umsetzung der theoretischen Produktformulierung sind Rohstoffhersteller und Packmateriallieferanten zu eruieren, die die Anforderungen im Sinne einer normenkonformen Qualität erfüllen. Rohstoff- und Packmaterialmuster sind mit einer vorläufigen Spezifikation zu beschaffen. Mit der Überprüfung der Muster ist der Bereich Qualitätswesen zu beauftragen, wobei die zu prüfenden Parameter anhand eines Untersuchungsauftrages genannt werden. Auf der Basis einer 100%-Formel, die in absteigender Reihenfolge bereits die Zutatenliste erkennen läßt, sind Labormuster zu fertigen.

6.2.2.1 Intrinsic- und extrinsic parameters als Abwehrmaßnahmen

Bereits in dieser Phase der Produktentwicklung sind geeignete Abwehrmaßnahmen, besonders gegen eine mikrobiologische Gefährdung, zu installieren.

Intrinsic parameters oder auch „innere Faktoren" bezeichnen chemische, physikalische und biochemische Eigenschaften, die jedem Lebensmittel eigen sind und somit über die Mikroflora bestimmen oder auf sie Einfluß nehmen können (Jay 1984; Pichhardt 1991).

Folgenden Parametern ist besondere Aufmerksamkeit zu widmen:

- *pH-Wert* als Maß der Acidität bzw. Basizität und somit Einflußgröße auf die Vermehrungsfähigkeit und -geschwindigkeit von Mikroorganismen sowie auf das Auskeimungsverhalten von Mikroorganismensporen
- *aw-Wert* als Maß für verfügbares (mobiles) Wasser zur Vermehrung bzw. zum Wachstum von Mikroorganismen
- *Eh-Wert* als Grad der Oxidations-/Reduktionsfähigkeit in einem Lebensmittel. [Das Redoxpotential ist abhängig von der chemischen Zusammensetzung und vom Sauerstoffpartialdruck, also vom Grad des Luftsauerstoffzutritts; aerobes Mikroorganismenwachstum erfordert einen positiven Eh-Wert (Oxidation), anaerobes Wachstum dagegen einen negativen Eh-Wert (Reduktion).]

- *Spezifische Inhaltstoffe*, die einem Rohstoff oder Lebensmittel nativ „innewohnen" und selektiv auf die Mikroflora wirken können. (Wachstumsfördernd sind Stickstoffquellen, Mineralstoffe/Spurenelemente, Vitamine; inhibierende Wirkung haben Enzyme, nativ enthaltene Konservierungsstoffe.)
- *Textur/Struktur:* natürliche Schranken für ein Eindringen von Mikroorganismen. (Das Verletzen von Strukturen ist zu beachten.)

Extrinsic parameters oder auch „äußere Faktoren" wie Temperatur, atmosphärische Einflüsse sowie Partialdrücke von Gasen können ebenfalls Einflußgrößen sein. Dazu gehören:

- *Temperatur:* Da Mikroorganismen sich über eine weite Temperaturspanne vermehren können, werden die Lagertemperaturen zu einem bedeutenden Faktor.
- *Atmosphärische Einflüsse:* Hier ist in erster Line die relative Luftfeuchte zu nennen, die eine Verschiebung der Wasseraktivität zur Folge haben kann (feuchtigkeitsdurchlässige Packstoffe, abgetrocknete Produktoberflächen).
- *Partialdrücke:* Schutzgas, z. B. CO_2, oder Evakuierung hemmt obligate Aerobier, begünstigt Anaerobier und Mikroaerophile.

Zu den weiteren Abwehrmaßnahmen gehören Hürdenkonzepte (Leistner 1978, 1979) und, wo einsetzbar, Schutzkulturen (Cerny u. Hennlich 1991, 1992; Hennlich u. Cerny 1990) sowie enzymatische Lebensmittelkonservierungen (Lösche 1991).

6.2.3 Pilotlinienmuster

In dieser Stufe der Entwicklung sind solche Anforderungen und Mengen an das neue Produkt zu stellen, daß bereits „interne" Beliebtheitstests, Packmittelgrößen und -einheiten sowie erste Haltbarkeits- und Transportversuche durchgeführt werden können.

Der Bereich Qualitätswesen überprüft die chemisch-physikalischen und mikrobiologischen Kriterien und vergleicht diese mit den errechneten Werten der provisorischen Fertigproduktspezifikation.

Bei positiven Entscheiden sind ab dieser Stufe Investitionen im Produktionsbereich zu berücksichtigen. Lebensmittelrechtliche Abstimmungen (z. B. Verkehrsbezeichnungen, Auslobungen, Bereinigung der Zutatenliste etc.) erfolgen mit der zuständigen Überwachungsbehörde.

6.2.4 Produktions-(Betriebs-)versuche

In dieser Phase der Entwicklung ist der Bereich Produktion und Technik so einzubeziehen, daß der Übergang von Pilotplanmustern zu Produktionsmustern reibungslos funktionieren kann.

Desweiteren müssen nachstehende Parameter im Sinne der Qualitätssicherung garantiert werden:

- Endgültige Rohstoffspezifikationen
  (*Verantwortung:* Entwicklung/Qualitätswesen)
- Chemisch-physikalische und mikrobiologische Methoden für Rohstoffe, Halbfertig- und Fertigprodukte sowie die entsprechenden Stichprobenpläne
  (*Verantwortung:* Qualitätswesen)
- Endgültige Packmittelspezifikationen
  (*Verantwortung:* Entwicklung/Qualitätswesen)
- Prüfvorschriften, -methoden und Stichprobenpläne für Packmittel
  (*Verantwortung:* Qualitätswesen)
- Qualifizierte Rohstoff- und Packmittellieferanten
  (*Verantwortung:* Qualitätswesen/Einkauf)
- Fabrikations-(Herstell-)Vorschrift
  (*Verantwortung:* Entwicklung/Produktion)
- Provisorische Fertigproduktspezifikation inkl. Qualitätsmerkmale
  (*Verantwortung:* Entwicklung)
- Prognostizierte Haltbarkeit aus Vorversuchen
  (*Verantwortung:* Entwicklung, Marketing, Qualitätswesen als Normengremium)
- Pack- und Palettierungspläne aus Erkenntnissen der Transporttests (Abb. 15)
  (*Verantwortung:* Logistik/Qualitätswesen)

Schrittfolge der Produktentwicklung 157

Artikel–Nr.:	Produkt–Bz.:		EAN–Code:	
Palettierungsschema Nr.:		Stand:	Version:	
Abmessung	Länge	Breite	Höhe	Gewicht in kg
Verkaufseinheit Versandeinheit Palettenblockmaß				

Einheiten pro Lage:
Lage:
Einheiten pro Pal.:

Stapelhöhe in Paletten
– im Lager:
– beim Transport:

Bemerkung: *Bei mehr als + 25 °C Transport in Thermobox*

Palettenüberstand:
Palettenauslastung in %:

Erstellt	Datum	Visum	Genehmigt	Datum	Visum

Abb. 15. Beispiel eines Palettierungsschemas

6.2.4.1 Stufenkontrollen kritischer Punkte

Die während der einzelnen Entwicklungsphasen lokalisierten und bereits etablierten CCPs sind innerhalb des Herstellprozesses anhand sogenannter Stufenkontrollen zu überprüfen, sowohl hinsichtlich der Zielvorgaben, der Kontrollmöglichkeiten als auch der Dokumentation.

Nur bei Erfüllung aller Kriterien kann das Produkt als „sicher" eingestuft werden. Nach Auswertung aller Stufen erstellt der Bereich Entwicklung (Designlenkung) eine *Produktedokumentation*, welche nach Begutachtung durch die Leiter der Bereiche, die an der Entwicklung mitbeteiligt waren, zu visieren ist. Erst dann darf das Projekt dem Bereich Produktion in dessen Verantwortung für Lancierungsproduktionen übergeben werden.

6.3 Produktedokumentation

Eine lückenlose Dokumentation beginnt mit der Entwicklung eines Produktes, erstreckt sich über alle Phasen und endet mit der Festschreibung der definitiven Mindesthaltbarkeit einer Serienfabrikation. Diese Dokumentation ist wohl die wichtigste Informationsquelle über alle direkt dem Produkt zugeordneten Aktivitäten zur Sicherung einer normenkonformen Qualität.

Eventuelle Nachbereitungen eines bereits fertigen Produktes (Nachbereitungen können durch unvorhergesehene Situationen nach Markteinführung nötig werden) oder eine stetige Produktpflege im Sinne von Verbesserungen sind ebenfalls in einer Produktedokumentation festzuhalten.

Nachbereitungen sind nicht als Nachbesserungen mißzuverstehen. Nachbesserungen entstehen durch Nichtbeachtung von Kriterien während der Entwicklungsphasen, z.B. durch „Überspringen" von Entwicklungsschritten und damit Inkaufnahme von Fehlern.

Auf Grund der außerordentlichen Bedeutung einer solchen Dokumentation ist diese durch die oberste Firmenleitung zu bestätigen.

6.3.1 Elemente einer Produktedokumentation

Die Dokumentation muß mindestens folgende Elemente enthalten:

- Kurzbeschreibung des Produktes inkl. Zubereitungsvorschrift und Konsumentenzielgruppe
- Nennung der beteiligten Bereiche, die mit der Erstellung verantwortlich betraut waren
- Durch Visum und Datum bestätigte Gutheißung der Bereichsaktivitäten

- Deklarationen, Auslobungen, Verkehrsbezeichnungen, Spezifikationen
- Fabrikations- bzw. Herstellvorschrift, Bestätigung der Reproduzierbarkeit, Produktions- und Verpackungsvorschriften
- Prüfvorschrift, Bericht über Haltbarkeiten, Lagerbedingungen
- Externe Gutachten von lebensmittelrechtlicher oder analytischer Bedeutung
- Anhänge bzgl. Nachbereitungen

Darüber hinaus sollten Palettier- und Versandvorschriften dokumentiert sein, falls deren Nichtbeachtung Qualitätsmängel nach sich ziehen könnte.

6.3.1.1 Fabrikationsvorschrift, Spezifikationen, Prüfvorschrift

Die *Fabrikations- oder Herstellvorschrift* enthält:
- %-Formel der Rezeptur
- Chargen- bzw. losgrößenbezogene Rezeptur
- Detaillierte Produktionsvorgaben und Beschreibungen inkl. der Kontroll- und Zielvorgaben gemäß IPK und HACCP (s. 3.1.2.2)

Der Beschreibung und Darstellung des Herstellverlaufes ist besondere Aufmerksamkeit zu widmen. Es muß sicher erkennbar sein, ob alle Verfahrensschritte unter beherrschten Bedingungen ablaufen. So müssen z. B. Zeitangaben definiert sein, die Gewährleistung muß erkennen lassen, ob eine Mischung homogen ist und ferner müssen Angaben von Temperatur und Zeit Auskunft darüber geben, ob die Bedingungen keimabtötende oder pasteurisierende Wirkung haben. Ohne Festschreibung solcher Parameter wird nicht ersichtlich, ob eine Fertigung unter beherrschten Bedingungen abläuft.

Für alle eingesetzten Rohstoffe, Zwischenprodukte, Primärpackmittel und für das Fertigprodukt müssen schriftliche *Spezifikationen* vorliegen.

Rohstoff- und Packmittelspezifikationen dienen als Basis sowohl für Beschaffungsspezifikationen (s. 7.2.2) als auch für Prüfvorschriften (s. 4.4.1 und 5.2.1).

Die Spezifikation des Fertigproduktes enthält die Deklarations- bzw. Zielwerte mit den Toleranzen, angegeben als Minimal- und Maximalwerte. Darüber hinaus sollte die Herkunft der analytischen Daten erkennbar sein, d. h. ob die Daten errechnet wurden

Fertigproduktspezifikation

Produktname :		Seite	01
Kurzbeschreibung :		Version	01
Produkt-Nr. :		Status	01
Produktklasse :		Oktober	92
Erstellt durch :			
Genehmigungsdatum:			

	Dimension	Deklarations- bzw. Zielwert	Minimum	Maximum	Herkunft der Daten
CHEM. ANFORDERUNGEN					
Wasser	g/100 g				3 int. Analy.
Protein	g/100 g				3 int. Analy.
Protein-Faktor					Literatur
Fett	g/100 g				4 int. Analy.
Asche	g/100 g				2 int. Analy.
Kohlenhydrate					
als Differenz	g/100 g				Berechnung
Energie, total	kJ/100 g				Berechnung
	kcal/100 g				Berechnung
Proteinenergie	%				Berechnung
Fettenergie	%				Berechnung
Kohlenhydratenergie	%				Berechnung
Pestizide	)				
Insektizide	)	der Gesetzgebung entsprechend			3 ext. Analy.
Toxische Metalle	)				
PHYSIK. ANFORDERUNGEN					
Siebpassage	g/100 g				2 int. Analy.
pH-Wert					4 int. Analy.
Schüttvolumen					
-- locker	g/100 g				4 int. Analy.
-- sedimentiert	g/100 g				4 int. Analy.
Dichte	g/cm^3				3 int. Analy.
SENSORISCHE ANFORDERUNGEN					
Aussehen/Farbe/Textur					
Geruch/Geschmack					

		Sollwert	Grenzwert	
MIKROBIOL. ANFORDERUNGEN				
Gesamtkoloniezahl	per g			QS Vorgabe
Schimmelpilze	per g			QS Vorgabe
Hefen	per g			QS Vorgabe
Enterobact., total	per g			QS Vorgabe
E. coli	per g			QS Vorgabe
Salmonellen	per 50 g	nicht nachweisbar		QS Vorgabe
S. aureus	per g			QS Vorgabe
Enterokokken	per g			QS Vorgabe

-----Fortsetzung auf Blatt 2-----

------Fortsetzung von Blatt 1------

Fertigproduktspezifikation

Produktname :	Seite 02
Kurzbeschreibung :	Version 01
Produkt-Nr. :	Status 01
Produktklasse :	Oktober 92
Erstellt durch :	
Genehmigungsdatum :	

	Dimension	Deklarations- bzw. Zielwert	Minimum	Maximum	Herkunft der Daten

Haltbarkeit
Zeit   Monate   Normen-
Temperatur   °C   gremium
Luftfeuchtigkeit   % rel.Feuchte

Limitierende Qualitätsmerkmale

                                                                    Normen-
                                                                    gremium

Art der Verpackung   QS Pack.

Spezielle Deklarationshinweise
 Verkehrbezeichnung
 Loskennzeichnung
 EAN Code

HACCP

oder auf intern oder extern (Handelslabor) durchgeführten Analysen beruhen. Weitere Inhalte zeigt das vorstehende Beispiel einer Fertigproduktspezifikation.

Der Bereich Qualitätswesen erstellt eine *Prüfvorschrift*, aus der alle Kontrollen hervorgehen, die direkt oder indirekt mit dem Qualitätssicherungsprogramm des Fertigproduktes zusammenhängen. Sie enthält demnach Vorschriften für die kritische Punktanalyse, In-Prozeß-Kontrollen, prozeßbegleitende Fertigprodukt- und Endkontrollen. Die Prüfintervalle (täglich, pro Schicht, wöchentlich, 1mal pro Jahr etc.) sind festzuschreiben. Zur Dokumentation gehört ebenfalls die Angabe der Stichprobenpläne, auf der die Musternahme basiert. Aus der Prüfvorschrift gehen die anzuwendenden Methoden pro Qualitätsmerkmal sowie die methodisch und rohstoffbedingten Schwankungsbreiten zu den Zielwerten hervor.

Die Prüfvorschrift ist separat für Rohstoffe, Zwischenprodukte und Fertigprodukte zu erstellen.

Sämtliche Änderungen, z.B. der Rohstoffe, Herstelltechnologien, der von der Entwicklung vorgegebenen Chargengröße, bedürfen der Zustimmung des Bereichs Entwicklung/Designlenkung. Änderungen von Mindesthaltbarkeitsdaten werden ausschließlich vom Normengremium (Marketing, Entwicklung, Qualitätswesen) verabschiedet.

Die Änderungen sind unter Federführung des Bereiches Entwicklung der Produktedokumentation als Anhänge beizufügen; dadurch wird eine Produktgeschichte lückenlos nachvollziehbar.

7 Qualitätssicherung in der Beschaffung

7.1 Grundsatz

Der Bereich Einkauf/Beschaffung versteht sich als „Teilprozeß" der Lebensmittelherstellung und ist so organisiert, daß die Beschaffung qualitätsdefinierter Rohstoffe und Packmaterialien im Sinne der Normenkonformität gewährleistet und dokumentiert ist.

Die Aufgaben der Beschaffung sind die Bereitstellung von Produkten höchster Qualität und Zuverlässigkeit am vorgesehenen Bestimmungsort und zwar in korrekter Menge zum günstigsten Preis. Der Einkauf hat darauf zu achten, daß Preisvorteile nicht durch Qualitätsmängel oder verspätete Anlieferungen aufgezehrt werden.

Neben der Beschaffung von Materialien, die der Herstellung von Lebensmitteln direkt zuzuordnen sind (Rohstoffe, Primär- und Sekundärpackstoffe), sind auch andere Beschaffungselemente, z.B. technische Einrichtungen, Fremdreinigungsfirmen, Speditionen im Sinne einer qualitätsbeeinflussenden Größe zu berücksichtigen.

Während in aller Regel der Beschaffung von Materialien, die einem Lebensmittel direkt zuzuordnen sind, eine Evaluierung durch die Bereiche Einkauf und Qualitätswesen vorausgeht, zeichnen für andere Beschaffungselemente im allgemeinen die Bereiche Technik/Ingenieurwesen (GHP-gerechte Anlagen und Einrichtung) bzw. der Bereich Produktion (Dienstleistungen wie Reinigung und Transport) verantwortlich. Bezüglich maschinen-, anlagen- und einrichtungshygienischer Belange sind die Forderungen des Qualitätswesens zwingend zu berücksichtigen.

Rohstoffe, d.h. alle Ausgangsmaterialien, die zu einer weiteren Verarbeitung in Lebensmitteln bestimmt sind, sowie Primärpackmittel dürfen nur dann beschafft werden, wenn der Lieferant seine Qualitätsfähigkeit unter Beweis gestellt hat und vom Qualitätswesen zumindest als vorläufig gelistet beurteilt wurde. Darüber hinaus sind Bestellungen nur dann zulässig, wenn definitive Spezifikationen und/oder technische Zeichnungen (z.B. für Packmittel) vorliegen.

Bei Rohstoff- und Packmittel, die dem Bereich Entwicklung als allererste Testmuster dienen und bei denen gewährleistet wird, daß sie die Produktions- und Lagerbereiche nicht erreichen, kann von dieser Regelung Abstand genommen werden.

Spezifikationen, technische Zeichnungen und Lieferantenlistungen entbinden nicht von der Verpflichtung eigener Eingangsprüfungen durch die Funktion Qualitätsprüfung.

Der Bereich Einkauf dokumentiert und archiviert alle Beschaffungsunterlagen, er überprüft sie auf Vollständigkeit, Gültigkeit sowie auf die Korrektheit qualitätsspezifischer Belange in Zusammenarbeit mit den Bereichen Qualitätswesen und ggf. Entwicklung (Designlenkung).

7.2 Qualitätsfähiger Lieferant

Die Qualitätsfähigkeit eines Lieferanten wird durch ein installiertes Qualitätssicherungssystem (idealerweise gemäß DIN ISO 9000ff.) sowie eigene, auf besondere Bedürfnisse ausgerichtete Inspektionen nachgewiesen.

Die Kontinuität der Qualitätsfähigkeit wird durch die Verifizierung der beschafften Produkte festgestellt, d.h. die Prüfresultate entsprechen den Anforderungen verbindlicher Spezifikationen.

7.2.1 Lieferantenlistung – Rohstoffe und Primärpackmittel

Alle von den Bereichen Einkauf und Qualitätswesen freigeprüften Lieferanten müssen vom Einkauf (verantwortlich auch für Mutationen) gelistet werden. Dabei muß sichergestellt werden, daß die Bestellspezifikationen erfüllt werden. Wenn immer möglich, sollten mindestens 2 Lieferanten verfügbar sein.

Nur freigeprüfte Lieferanten dürfen für Materialbeschaffungen eingesetzt werden. Händler erhalten nur dann Aufträge, wenn der Lieferantennachweis erbracht ist. Lieferanten werden von der Liste gestrichen, wenn 18 Monate kein Auftrag erteilt wurde. Unwägbarkeiten wie Technologieänderungen, Änderungen der Ursprungsquellen etc. machen eine neuerliche Freiprüfung erforderlich. Ein nach QS-System- und Muster-Gutbefund akzeptierter Lieferant erhält den Status *vorläufig gelistet*. Nach wenigstens 3 akzeptierten Lieferungen bzw. 10% des Jahreseinkaufsvolumens erhält er den Status *gelistet*.

Materialien vorläufig gelisteter Lieferanten sind öfters und/oder nach strengeren Stichprobenplänen (s. 4.3.1.2 und 4.3.2.1) zu bemustern. Ein gelisteter Lieferant wird auf vorläufig gelistet zurückgestuft, wenn 12 Monate kein Auftrag erteilt wurde. Eine Zurückstufung erfolgt ebenfalls, wenn wesentliche, in der Spezifi-

170 Qualitätssicherung in der Beschaffung

kation genannte Qualitätsmerkmale bei einer Lieferung nicht erfüllt werden. Bei einer zweiten Beanstandung zum gleichen Qualitätsmerkmal in einem Jahr verliert der Lieferant die Listung.

Bei kleineren Beanstandungen wird eine formelle Mängelrüge erteilt; eine Veränderung des Lieferantenstatus hängt von den jeweiligen Umständen ab (vgl. auch 10.1).

Der Bereich Einkauf ist aufgefordert, halbjährlich die Rohstofflisten nach Lieferanten, Qualität/Reklamation, Lagerbedingungen/Haltbarkeit, Verfügbarkeit und Preise zu aktualisieren.

Diese Auswahlkriterien verhelfen der Produktion zur Gewißheit, daß nur qualitätsgeprüfte Rohstoffe in Produktformeln Eingang finden.

Die Abbildung 16 verdeutlicht die bilaterale Beziehung zwischen dem Anbieter und dem Bereich Einkauf/Beschaffung.

Der Aufbau und die Beziehung zwischen Beschaffer und Anbieter erstreckt sich in der Regel über Jahre. Das gegenseitige Ver-

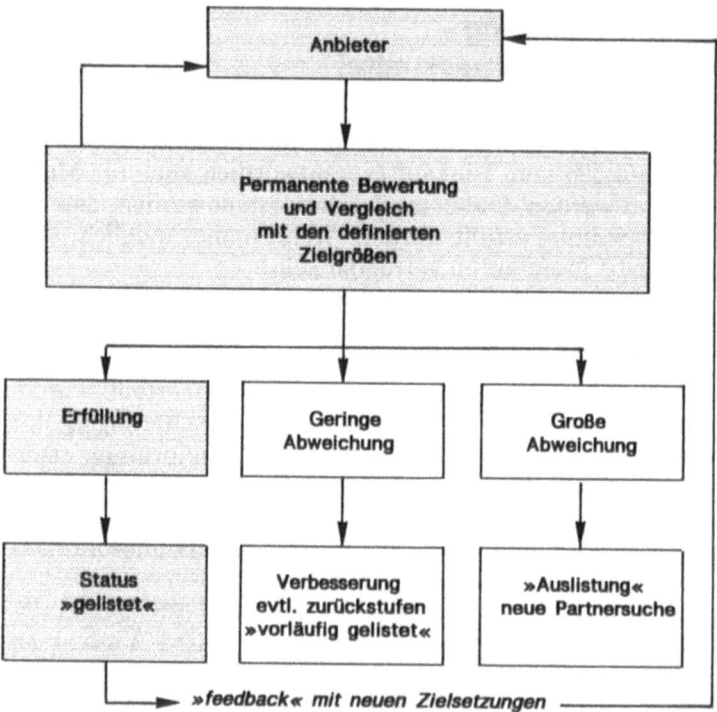

Abb. 16. Wechselbeziehung zwischen Beschaffer und Anbieter

trauen sollte hoch angesiedelt sein und kann in der Anfangsphase auch von Rückschlägen getroffen werden, d. h. daß das Auftreten eines ersten und vielleicht einmaligen Qualitätsmangels nicht unbedingt zum Bruch der Geschäftsbeziehungen führen muß.

Das Beispiel des nachstehenden Fragenkataloges „Lieferanten- und Produkt-Beurteilung" hilft bei der Suche nach neuen Anbietern.

Lieferanten- und Produktbeurteilung

Blatt 1 von 4

1 Allgemeine Information
Punkte 1 bis 3 sind vom Lieferanten vollständig auszufüllen (Selbstauskunft)

Hersteller/Lieferant _____
Fabrikationsprogramm _____

Ist ein Qualitätssystem in der Geschäftspolitik eingeführt? [ ]ja/[ ]nein
Wenn ja, international anerkanntes QS-Zertifikat?   [ ]ja *ISO* /[ ]nein
Sind Organigramme vorhanden? Als Anlage beilegen (a) allg. [ ]ja/[ ]nein
                                              (b) QS   [ ]ja/[ ]nein
                                              (c) Prod. [ ]ja/[ ]nein
Anzahl Mitarbeiter _____   Umsatz _____

1.1 Beurteilung der Qualitätsfähigkeit
Anzahl der Mitarbeiter in der Qualitätssicherung ____ Leiter QS ____
Ansprechpartner QS (mit Tel.-Nr. und Fax-Nr.) _____
* Bestehen schriftl. Prüfanweisungen, die Angaben enthalten, »was, womit, wie, wieviel und wie oft« zu prüfen ist? [ ]ja/[ ]nein
* Werden die Prüfergebnisse niedergeschrieben und stehen bei Bedarf zur Verfügung? [ ]ja/[ ]nein
* Werden kritische Kontrollpunkte (CCP's) im Betrieb systematisch gesucht und beschrieben? [ ]ja/[ ]nein
* Bestehen Richtlinien für die Prüfmittelüberwachung? [ ]ja/[ ]nein
* Welche Prüfungen werden im Labor (intern/extern) durchgeführt? _____

1.2 Produktionstechnische Beurteilung
* Werden Rohmaterialien so behandelt und gelagert, daß keine Vermischung, Beschädigung, Verschmutzung auftreten kann? [ ]ja/[ ]nein
* Werden alle Fertigprodukte, die den Richtlinien nicht entsprechen, gekennzeichnet, separiert und auf Fehlerursache untersucht? [ ]ja/[ ]nein
* Werden Rückstellmuster (a) generell / (b) fallweise aufbewahrt? [ ]ja/[ ]nein
* Welche Hygienemaßnahmen sind in der Produktion getroffen? _____

1.3 Verwaltungstechnische Beurteilung
Leiter Verkauf (Tel.-Nr.) _____
Ansprechpartner Verkauf (Tel.-Nr.) _____
* Gibt es ein Lieferantenbewertungssystem? [ ]ja/[ ]nein

Blatt 2 von 4

2 Spezielle Information

Produktbezeichnung _____
Mat.-Nr. Lieferant _____
Mat.-Nr. Käufer _____
Herkunft (Provinz) _____
Sorte _____
Hersteller (Name,
Adresse, Kontaktpers.,
Telefon, Telefax) _____
Händler (Name,
Adresse, Kontaktpers.,
Telefon, Telefax) _____

2.1 Deklaration

Mengenmäßige Zusammensetzung in absteigender Reihenfolge

_____ % _____ %
_____ % _____ %
_____ % _____ %
_____ % _____ %
_____ % _____ %
_____ % _____ %
_____ % _____ %

Ohne entsprechende Auflistung darf das Produkt keine weiteren Zutaten und Zusatzstoffe enthalten.

2.2 Verpackung und Haltbarkeit

Größe der Gebindeeinheit _____
Material Außenverpackung _____
Material Innenverpackung _____
Haltbarkeit ab Auslieferung _____
Lagerbedingungen
* Temperatur _____ °C
* rel. Luftfeuchtigkeit _____ %
* Lichtschutz [ ]ja / [ ]nein

2.3 Identifikation des Produktes

Warenidentifikation möglich? [ ]ja / [ ]nein
Produktionsdatum [ ]offen / [ ]codiert

Die Lieferung erfolgt aus *einer* Produktionscharge. Falls das nicht möglich ist, müssen die Gebinde gekennzeichnet und unterscheidbar sein. Die Lieferpapiere enthalten die entsprechenden Angaben.

Blatt 3 von 4

2.4 Sensorische Beschreibung

    Geruch
    Geschmack
    Konsistenz/Textur
    Farbe

2.5 Nährstoffprofil (in 100 g enthalten)

    Fett
    Protein
    * Protein-Faktor
    Wasser
    Kohlenhydrate
    Mineralstoffe (Asche)
    Rohfaser
    Energie   kJ   kcal

    Werte aus Analysen?   [ ]ja / [ ]nein   Quelle

2.6 Chemisch-physikalische Parameter

    Schüttvolumen in ml/100 g
    pH-Wert bei %-Konzentration
    Säuregrad
    Fettkennzahlen
    * Peroxidzahl
    * Verseifungszahl
    Trockensubstanz
    Kohlenhydratspektrum
    * Saccharose
    * Fructose
    * Glucose
    * Maltose
    * Lactose

    Lipase-/Proteaseaktivität   [ ]positiv / [ ]negativ

2.7 Mikrobiologischer Status

    Gesamtkoloniezahl   Stichprobenumfang n =
    E. coli   Stichprobenumfang n =
    Salmonellen   Stichprobenumfang n =
    Enterobakteriengesamtzahl   Stichprobenumfang n =
    S. aureus   Stichprobenumfang n =
    Enterokokken   Stichprobenumfang n =
    Schimmelpilze   Stichprobenumfang n =
    Hefen   Stichprobenumfang n =

Blatt 4 von 4

2.8 *Toleranz-/Grenzwerte Fremdstoffe*
z.B. Aflatoxine, toxische Metalle, Insektizide, Pestizide

★ _____   _____
★ _____   _____
★ _____
★ _____

3 *Lieferantenbestätigung*

Die gelieferte Ware ist ohne Mängel. Die zuvor genannten Angaben in diesem Dokument sind vertraulich zu behandeln und nur für den internen Gebrauch bestimmt. Alle Angaben haben solange eine verbindliche Gültigkeit, bis eine revidierte Fassung vorliegt. Jede Änderung wird dem Käufer unaufgefordert schriftlich mitgeteilt - jeweils vor einer Lieferung mit geänderten Parametern.

Die Rohstoffe entsprechen in jeder Beziehung dem deutschen Lebensmittelrecht.

DER LIEFERANT

Ort, Datum   Unterschrift(en)

----

4 *Beurteilung und Entscheid*
Wird vom QS-Wesen und Bereich Einkauf des "Käufers" ausgefüllt

★ Der Lieferant erhält den Qualitätsstatus   __ hoch __ mittel __ gering

★ Der Lieferant ist freigegeben   __ ja __ bedingt __ nein

★ Die Freigabe gilt für _____

Bemerkung _____
_____
_____

Datum: _____   Einkauf: _____   Qualitätswesen: _____
                          Visum   Visum

7.2.2 Beschaffungsspezifikationen

Rohstoff- bzw. Materialspezifikationen beinhalten die kürzest mögliche Beschreibung derjenigen Qualitätsmerkmale und Eigenschaften, die ein bestimmter Rohstoff bzw. ein Packmittel aufzuweisen hat. Chemische und physikalische Anforderungen sind quantitativ zu beschreiben, wobei der Zielwert (Nenn- oder Optimalwert) mit den Toleranzwerten (Minimal- und Maximalwert) zu ergänzen ist. Aflatoxine, Pestizide, toxische Metalle etc. sind grundsätzlich als maximal zulässige Werte anzugeben, da man für diese Kontaminanten keinen tolerablen Gehalt für Lebensmittel festlegen kann.

Bei der Festlegung der mikrobiologischen Anforderung sollte auf einen nach außen hin bekanntgegebenen Grenzwert verzichtet werden. Der spezifizierte Richtwert ist für den Lieferanten als Maximalwert zu definieren. Der Vorteil ist, daß ein erfahrener Mikrobiologe einen eigenverantwortlichen Entscheidungsspielraum darüber hat, wann er letztendlich die Lieferung für ungeeignet erklärt. Intern festgelegte Toleranz- oder Grenzwerte müssen immer strenger gehandhabt werden als gesetzliche, sofern vorhanden. Nennt z. B. die Eiprodukte-VO einen Grenzwert von 100 000 aeroben mesophilen Keimen pro Gramm, so ist ein Produkt mit solchen Keimzahlen durchaus ablehnungswürdig, wenn die Fertigproduktanforderung kleinere Grenzwerte verlangt.

Neben den zuvorgenannten Anforderungen müssen Beschaffungsspezifikationen sensorische Beschreibungen und Angaben über Lagerbedingungen sowie Haltbarkeiten in Originalgebinden enthalten. Trotz aller produktspezifischen Angaben sollte auf eine *Allgemeine Anforderung* nicht verzichtet werden.

Die nachstehende Bestellspezifikation zeigt beispielhaft den Inhalt diverser Qualitätsmerkmale.

Beschaffungsspezifikation

Rohstoff-Bz: Mat.-Nr.:
Lieferant:

ALLGEMEINE ANFORDERUNG

Die Ware darf gesundheitsschädigende Stoffe und Organismen, sowie Organismen, die ein Verderben des Rohstoffes verursachen, nicht enthalten. Sie muß den Anforderungen des Deutschen Lebensmittelrechts entsprechen.

SPEZIELLE ANFORDERUNGEN

	Dimension	Zielwert	Min.-Wert	Max.-Wert
Wasser	g/100 g			
Protein	g/100 g			
Protein-Faktor	(z.B. 6,25)			
Fett	g/100 g			
Asche	g/100 g			
Kohlenhyd. als Diff.	g/100 g			
Toxische Metalle				
-- Blei	mg/kg			
-- Cadmium	mg/kg			
Pestizide				
Insektizide				
pH-Wert				
aw-Wert				
Dichte	g/ml			
Siebpassage bei Maschenweite 0,5 mm	g/100 g			
Schüttvolumen				
-- locker	g/100 g			
-- sedimentiert	g/100 g			
Aussehen/Farbe				
Geruch/Geschmack				
Textur				

(bei Mikrobiologie ausschließlich Maximalwerte)

Gesamtkoloniezahl	per g	-		-
Schimmelpilze	per g	-		-
Hefen	per g	-		-
Enterobact., total	per g	-		-
E. coli	per g	gemäß MPN-Technik		-
Salmonellen	in 50 g nicht nachweisbar*			
S. aureus	per g	-		-
Enterokokken	per g	-		-
B. cereus	per g	-		-
C. perfringens	per g	-		-

*Bemusterung gemäß FDA Kategorie I bis III, bei Milchprodukten auch Bemusterungsplan nach Habraken et al. (1986) Neth Milk Dairy J 40:99pp

Haltbarkeit nach Eingang   mind.   Monate in geschlossenen Originalgebinden
                                       bei max....°C und 75% rel. Feuchte

In der Fassung vom   Visum QS-Lieferant   Visum QS-Abnehmer

....

7.2.2.1 Stichprobenplan

Insbesondere mikrobiologische Spezifikationsanforderungen dürfen nicht losgelöst vom Stichprobenplan gesehen werden. Beispielsweise ist die Angabe für Salmonellen „nicht nachweisbar in 25 g" ohne jeglichen Aussagewert. Bezieht sich die Angabe auf eine Einzelstichprobe oder wurde ein anerkannter Probenahmeplan nach Foster (1971), Habraken et al. (1986) oder ICMSF (1978) zugrunde gelegt? Berücksichtigt der Stichprobenplan (wie z. B. nach Foster) ob die herzustellenden Produkte für Kleinkinder, Rekonvaleszente oder Senioren bestimmt sind oder ob sie von jedermann konsumiert werden? Handelt es sich um Produkte mit oder ohne bakterienabtötende Prozeßstufen, während der Herstellung?

In jedem Falle ist man gut beraten, in den Bestellspezifikationen entsprechende Klarstellungen zu treffen.

7.3 On-Pack- und In-Pack-Promotion-Artikel – Bedruckte Primärpackmittel

7.3.1 Definition der Promotion-Artikel

Unter diesen Artikeln versteht man Spielsachen, Dosierlöffel und andere Zugaben zu Lebensmitteln, die in der Regel – „meist zeitlich begrenzt" – Marketingaktivitäten unterstützen sollen.

Die Marketingverantwortlichen müssen sich des Risikos einer Produktverschlechterung bei In-Pack-Promotionen (in speziellen Fällen auch bei On-Pack-Promotionen) bewußt sein. Das Management zeichnet voll verantwortlich für die Sicherheit von geplanten Promotionen.

7.3.1.1 On-Pack-Promotions

Vor einer Beschaffung ist sicherzustellen, daß alle Artikel den Vorschriften der Behörden entsprechen und frühzeitig durch die Qualitätsprüfung auf folgende Kriterien zu prüfen sind:
- Kein Risiko für den Konsumenten (unter spezieller Berücksichtigung von Kindern) beim Umgang mit den Artikeln
- Keine Giftstoffe (Schwermetalle, toxische Farben etc.) in den verwendeten Materialien
- Kein Eindringen von flüchtigen Substanzen durch das Verpackungsmaterial, d. h. Geschmacks- und Geruchsbeeinträchtigungen des Produktes sind auszuschließen
- Zweckerfüllung der Artikel

Die formelle Freigabe der Artikel hat als primäre Packmittel durch die Qualitätssicherung zu erfolgen.

7.3.1.2 In-Pack-Promotions

Alle Artikel entsprechen den Vorschriften der Behörden, werden durch das Management ausgewählt und unter Hinzuziehung der Qualitätssicherung beurteilt (Konformität von verwendetem Material).

Durch Audits ist sicherzustellen, daß der Hersteller die Spezifikationen der Artikel, die Vorschriften der Behörden und die produktspezifischen Anforderungen erfüllt.

Durch Beschleunigungstests des Qualitätswesens ist sicherzustellen, daß während der Lagerung keine organoleptischen oder andere Veränderungen beim Produkt auftreten:

- Mindestens zwanzig Originalpackungen mit allen Artikeln von In-Pack-Promotionen bei 30°C während 4 Wochen prüfen – In Zweifelsfällen ist die Prüfung auf 8 Wochen auszudehnen
- Jede Woche ist eine Packung organoleptisch zu prüfen auf:
  - Geruch (speziell unmittelbar nach dem Öffnen)
  - Aussehen
  - Geschmack (trocken und gelöst)

  Werden *keine* Veränderungen festgestellt und sind alle Qualitätsstandards erreicht, kann der Test nach Überprüfungen aller Packungseinheiten abgeschlossen werden.
- Ein endgültiger Entscheid der Marketingverantwortlichen basiert auf der Freigabe des Produktes durch den Bereich Qualitätswesen

Über Entscheide und Testverfahren ist eine Dokumentation zu führen und 10 Jahre zu archivieren.

7.3.2 Bedruckte Primärpackmittel

Bei der Beschaffung von bedruckten Primärpackmitteln ist die Richtigkeit von lebensmittelrechtlichen Aussagen (z.B. Nährstoffanalysen, Verkehrsbezeichnungen etc.) besonders zu prüfen.

Diese Materialien (Folien, Faltschachteln, Dosen) dürfen nur dann beschafft werden, wenn neben der Materialspezifikation und evtl. technischer Zeichnung eine verbindliche *Reinzeichnung* vorliegt.

Die Reinzeichnung mit den zu berücksichtigenden Texten ist von kompetenter Stelle den Produktverantwortlichen (Marketing) visiert vorzulegen (vgl. auch Abschnitt 2.3.1.3).

8 Schulung

8.1 Aufbau und Organisation

8.1.1 Grundlagen

Die Qualitätsbewegung ist durch gezielte Schulungsmaßnahmen auf allen Ebenen zu unterstützen. In diesem Zusammenhang muß erwähnt werden, daß die Einführung von *Total Quality Management* – aber auch die Erfüllung der DIN ISO Normenreihe – ohne eine ausreichende Ausbildung der Unternehmensleitungen sowie der administrativen Führungskräfte nicht möglich ist.

Jeder im Unternehmen muß eine adäquate Aus- und Weiterbildung erfahren, die mit den jeweiligen funktionalen Abteilungs- und Bereichszielen in Einklang steht (Abb. 17).

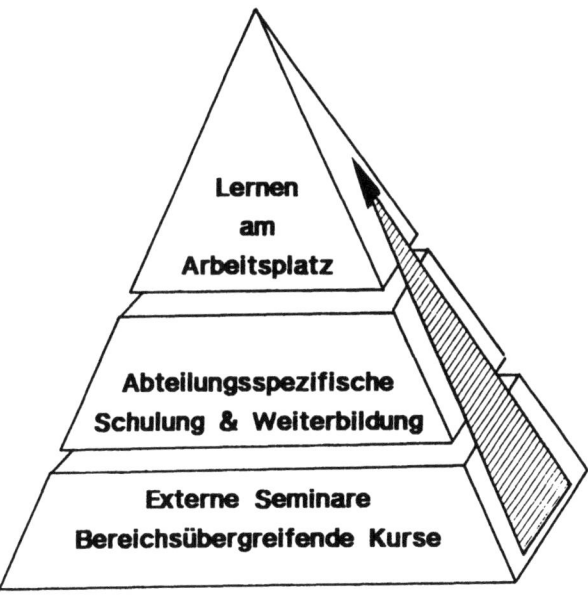

Abb. 17. Die Ausbildungspyramide

Die effiziente Reihenfolge kann daher nur lauten
- Schulung der obersten Firmenleitung,
- Schulung des oberen und mittleren Management,
- Schulung der Mitarbeiter und Mitarbeiterinnen am Arbeitsplatz,

wobei die Thesen der Qualitätsbewegung Was?, Wie? und Warum? anhand von Methoden, Techniken und Hilfsmitteln überzeugend darzustellen sind. Nur wenn die Kenntnisse und Fähigkeiten aller Mitarbeiter mit den Anforderungen an ihre Tätigkeiten übereinstimmen, ist ein „fehlerfreies" Arbeiten möglich.

Neu eingestellte Mitarbeiter müssen die gleiche intensive Ausbildung erfahren, um zu vermeiden, daß erneut Wissenslücken entstehen.

Das Ziel jeder Schulung muß sein, das Gelernte sofort in den täglichen Arbeitsprozeß umzusetzen und die Lerninhalte periodisch nachzuprüfen – sei es durch Erfolgsanalysen oder Einzelinterviews am Arbeitsplatz.

8.1.2 Realisierung eines Ausbildungsplans

Aus- und Weiterbildungen basieren auf drei Stufen, nämlich auf Planung, Realisierung und Erfolgskontrolle.

Planung:
Bedürfnisanalyse, Zielsetzung, Festlegung von Maßnahmen, ergibt sich aus: Mitarbeitergesprächen, Projektarbeiten

Realisierung:
Gesamtunternehmerische-, bereichs- und abteilungsspezifische Projekte durch in- und externe Kurse; direktes Lernen am Objekt bzw. am Arbeitsplatz

Erfolgskontrollen:
Lerntransfer, Kursbeurteilung ergeben sich aus: Prüfung, ob das Gelernte angewendet wird

Man muß sich bewußt machen, daß mit einmaligen Schulungsinhalten kein dauerhafter Erfolg verbucht werden kann. Daher sind wiederholte Weiterbildungsmaßnahmen erforderlich, um so Lerntiefen zu erreichen, die ein Beherrschen der Qualität gewährleisten.

Aus der Pädagogik sind drei Lerntiefen bekannt:
- Das Erlernte abrufbar speichern, um es unter Anleitung ausführen zu können
- Erlerntes in Zusammenhängen erfassen können, um es selbständig anzuwenden
- Erworbenes Wissen in neuen Situationen umzusetzen, um Handlungsabläufe zu beherrschen

Seit geraumer Zeit stehen für Hygienemaßnahmen am Arbeitsplatz kommerziell erhältliche audiovisuelle Schulungsprogramme zur Verfügung, die gute Unterstützung bieten.

Die DIN ISO Normenreihe 9001–9002 verlangt Schulungen, die in geeigneter Weise zu dokumentieren sind.

9 Krisenmanagement –
Produktrückruf- und Warnrufkonzept

9.1 Grundlagen

Jegliches Tun beinhaltet und schafft Risiken. So kann auch die Herstellung von Nahrungs- und Genußmitteln Risiken auslösen – echte und vermeintliche.

Um Gefahren für den Konsumenten rechtzeitig verhindern zu können, ist im Ernstfall schnelles Handeln gefordert. Es müssen Stellen gewarnt oder je nach Ergebnis erster Überprüfungen beruhigt und es muß gehandelt oder richtiggestellt werden. Je nach Ausmaß der Gefährdung bzw. der Zuordnung einer Gefahr in eine Gefahrenklasse muß die Ware sogar aus einem vielkanaligen Distributionsweg zurückgerufen werden.

Alle Partner des Lebensmittelherstellers sind dabei gefordert, es muß über die Betriebsgrenzen hinweg informiert, koordiniert und kooperiert werden. Um sich von einer Krise nicht überraschen zu lassen, die sich schnell zur Existenzfrage für das einzelne Unternehmen entwickeln könnte, sind Präventivmaßnahmen zu erarbeiten.

Krisensituationen, deren Ursprung im eigenen Unternehmen liegen, begegnet man nach wie vor durch ein funktionierendes *Qualitätssicherungssystem* gemäß den Normen EN 29000 ff. (DIN ISO 9000 ff.), keinesfalls aber mit ausschließlicher Qualitätskontrolle der Endprodukte. Je qualifizierter die Kenntnisse über die zu verarbeitenden Rohstoffe, Hilfsstoffe, Packmaterialien, Herstellungstechnologien, Behandlungsverfahren und Lagerbedingungen sowie die Zubereitung zum Konsum und die Konsumentengruppen sind, desto größer ist die Sicherheit vor unliebsamen Überraschungen im eigenen Bereich.

Keine Krisensituation wird wie die andere ablaufen, daher wird man sie ohne Improvisation und Flexibilität auch nicht bewältigen können. Entscheidend aber ist, daß man nicht völlig unvorbereitet überrascht wird, sondern über einen dokumentierten und auf seine Effizienz und Schlüssigkeit jederzeit überprüfbaren Aktionsplan für einen Produktrückzug verfügt.

Neben der „inhouse"-Krise muß ein Unternehmen aber auch gegen Sabotageanschläge von außen gewappnet sein, d.h. fehlerhafte Produkte können durch externe Machenschaften – meist mit dem Ziel der Erpressung – gesundheitsgefährdend manipuliert werden.

9.1.1 Rechtliche Aspekte zum Warenrückruf

Seit neuestem ist der Warenrückruf in einem Vorschlag für eine EWG-Verordnung vorgesehen; dieser legt allgemeine Gesundheitsvorschriften für die Herstellung und Vermarktung von Erzeugnissen tierischen Ursprungs sowie spezifische Gesundheitsvorschriften für bestimmte Erzeugnisse tierischen Ursprungs fest (EWG-Richtlinie „Loskennzeichnung 8b/396" 1985).

Die Aufstellung eines Alarmplans, der Zuständigkeiten für die Warnaussagen beinhaltet, muß daher Bestandteil des vom Lebensmittelhersteller einzurichtenden Qualitätssicherungssystems sein.

9.1.2 Zielsetzung des Warenrückrufs

Die Zielsetzung eines Produktrückrufes ist:
- *Rasche Information* aller Instanzen, die den Schutz der Verbraucher gewährleisten können
- *Rasche und vollständige Entfernung* eines Produktes aus dem Handel und den Verteilungs- und Verbraucherkanälen
- *Zweifelsfrei zuordnungsfähige Codierung (Identifikationshilfen)* für einen lückenlosen Produktrückzug (vergl. EWG-Richtlinie „Loskennzeichnung 89/396, EWG vom 14. Juni 1989)

9.1.3 Lokalisierung von Gefahrenpotentialen

Jedes Produkt birgt mehr oder weniger Gefahrenpotentiale. Entscheidende Kriterien zur Beurteilung einer möglichen Qualitätsbeeinträchtigung von Nahrungsmitteln nach verschiedenen Gesichtspunkten wurden in vorherigen Kapiteln (siehe 4.3; 4.3.2; 4.6.2.1) ausführlich behandelt.

Aus den verschiedenen Risikoarten resultiert der individuelle Grad einer Gefährdung jeden Produktes und daraus letztendlich der interne Entscheid für die Klassierung in eine Gefahrengruppe.

9.1.3.1 Fehlereinteilung in Gefahrengruppen

Produktfehler – also Fehler, die über eine tolerierbare Normabweichung hinausgehen – lassen sich in wenigstens drei Gefahrengruppen unterteilen, wobei nicht die durchschnittliche, sondern stets die größtmögliche Gefahr für eine Gruppierung entscheidend ist.

- **Totaler Fehler I:** Gefahr von Menschenleben bzw. dauernden Gesundheitsschäden. *Beispiel:* Botulismus, Salmonellen (insbesondere bei Säuglings- und Seniorenkost), Überdosierung von Vitaminen und Spurenelementen.
  Risiken: Fabrikationsverbot bis Fabrikschließung.
  Aktivitäten: Einschalten von Massenmedien und amtlichen Kontrollorganen.

- **Totaler Fehler II:** Erkrankungsgefahr beim Konsumenten bzw. vorübergehende Gesundheitsschäden. *Beispiel:* Pathogene Keime in Lebensmitteln für Gesunde und körperlich stabile Erwachsene, Metallionen etc.
  Risiken: Beschlagnahmung, Negativpublicity.
  Aktivitäten: Verkaufsverbot aussprechen, Rücknahme und Austausch aus Läden und Lagern durch Außendienst, Rundschreiben (Fax, Telex).

- **Gradueller Fehler:** Keine Gesundheits-, aber massive Beanstandungsgefahr durch Konsumenten. *Beispiel:* Falsche Kennzeichnung, Fehler die zum Verderben des Füllgutes führen können.
  Risiken: Amtl. Beanstandungen und gehäufte Kundenreklamationen, Imageeinbuße.
  Aktivitäten: Sperren von Waren, Auslieferungsverbot.

Während bei graduellen Fehlern die Auslösung von Aktivitäten durch die Bereiche Qualitätswesen, Marketing oder Produktion vollzogen werden kann, sollten diese Aktivitäten bei totalen Fehlern stets der obersten Firmenleitung bzw. einem eigens durch diese autorisierten Krisenkoordinator vorbehalten bleiben.

9.2 Das Krisenmanagement

Das Krisenmanagement dient der Prävention, d.h. es muß ein greifender und geübter Aktionsplan bereitliegen, um für den Ernstfall gerüstet zu sein.
Im wesentlichen geht es um nachfolgende Aktivitäten:
- Bildung eines Krisenstabes
- Stets aktueller Adressenpool (Krisendateien)
- Ansprechpartner
- erprobte Verfahrensregeln

9.2.1 Der Krisenstab als Gremium

Der Krisenstab hat sich als möglichst kleines aber entscheidungskräftiges Gremium zu konstituieren, in dem Personen vertreten sein müssen, deren Qualifikationen zur Bewältigung einer Krise erforderlich sind. Die Verteilung der Kompetenzen muß exakt definiert sein.
Dem Krisenstab sollten nachstehende Mitglieder (Abb. 18) angehören.
Da u.U. Entscheidungen von äußerster Tragweite zu treffen sind, hat die Oberste Leitung (Geschäftsleitung, Prokuristen etc.) dem Gremium anzugehören. In größeren Unternehmen mit eigener Rechtsabteilung gehört zum Gremium auch der entsprechende Jurist; in kleineren Unternehmen sollte auf das Hinzuziehen eines juristischen Beraters nicht verzichtet werden.
Aus dem oben genannten Kreis ist ein Krisenkoordinator zu benennen, bei dem alle Fäden zusammenlaufen. Der Krisenkoordinator sollte frei von Recherchentätigkeiten sein, d.h. operationell tätige Bereichsleiter sind in der Regel mit einer solchen Koordination überfordert.

Das Krisenmanagement 195

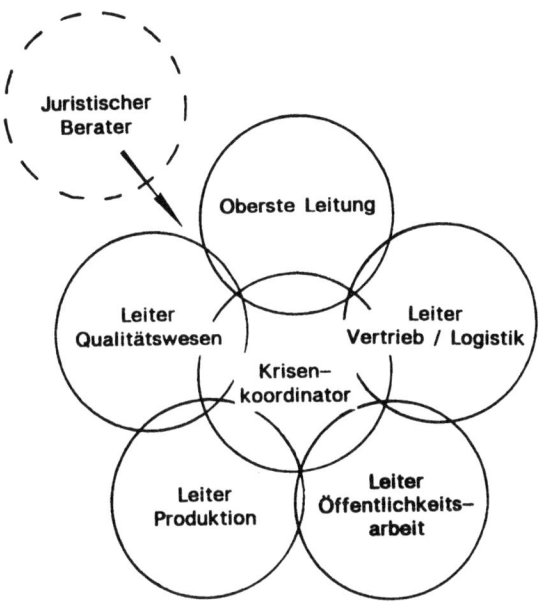

Abb. 18. Kleiner Krisenstab – Schnelles Reaktionsvermögen

Die Mitglieder eines Krisenstabes müssen jederzeit zu erreichen sein d. h. Privatadressen (Telefonnummern) sind zu hinterlegen. Bei betrieblicher Abwesenheit muß ebenfalls ein Erreichen möglich sein (Urlaubsadresse).

9.2.2 Krisendateien – Adressenpool und namentlich ansprechbare Partner

Ist eine Krise eingetreten, muß man innerhalb kürzester Zeit kommunizieren können. So soll das *Handbuch Krisenmanagement* eine auf dem aktuellsten Stand gehaltene Liste aller wichtigen Kontaktadressen beinhalten. Diese Liste soll Telefon-, Fax-, Telexnummern und Adressen aller wesentlichen Stellen, mit dem ein Unternehmen zusammenarbeitet, enthalten und ebenso Stellen, die helfen können, drohende Schäden abzuwenden, so z. B.:

- Handelspartner Fertigprodukte
  (Groß- und Einzelhandel, Zentral- und Zwischenlager)
- Lieferanten Rohstoffe
- Externe Berater
  - Laboratorien (Mikrobiologie/Chemie)
  - Forschungsanstalten
  - juristischer Beistand
- Zuständige Behörden:
  - Lebensmittelüberwachung der Stadt, des Kreises, des Landes
  - Chemisches Untersuchungsamt
  - Vet.-med. Untersuchungsamt
  - Zentralen für pathogene Mikroorganismen
- Regionale und überregionale Presse
- Direktionen von Hörfunk und Fernsehen (öffentl. rechtliche und private Anstalten)
- entsprechende Industrieverbände

Wenn immer möglich – das betrifft insbesondere Handelspartner wie Großhandel, Einkaufszentralen etc. – sollte der Ansprechpartner namentlich bekannt sein. Im günstigsten Fall verfügt das zu informierende Unternehmen ebenfalls über einen Krisenkoordinator.

Das produzierende Unternehmen sollte seine Handelspartner über das von ihm installierte Krisenprogramm unterrichten!

9.2.3 Identifikation eines Artikels

Das Erkennen eines als schadhaft gemeldeten Artikels (Charge) kann mittels mehrerer Identifikationshilfen bzw. -merkmale erfolgen. So z. B. durch den *EAN-CODE*, damit sind im Normalfall die Marke, Aufmachung und die unterschiedlichen Gebindegrößen (1 kg, 6er Pack, 3 × ¼ kg) identifizierbar. Darüber hinaus gilt als weiteres Identifikationsmerkmal die *Chargen-* bzw. *Loskennzeichnung* und das *Mindeshaltbarkeitsdatum* (MHD).

Der Hersteller muß weiterhin in der Lage sein, eine Rückverfolgung bis zu den eingesetzten Rohstoffen durchführen zu können; nur so kann nachgewiesen werden, ob ein Produktionslosüberschreitender Rohstoff andere Chargen oder andere mit gleichem fehlerhaftem Rohstoff gefertigte Produkte ebenfalls gefährdet (Abb. 19).

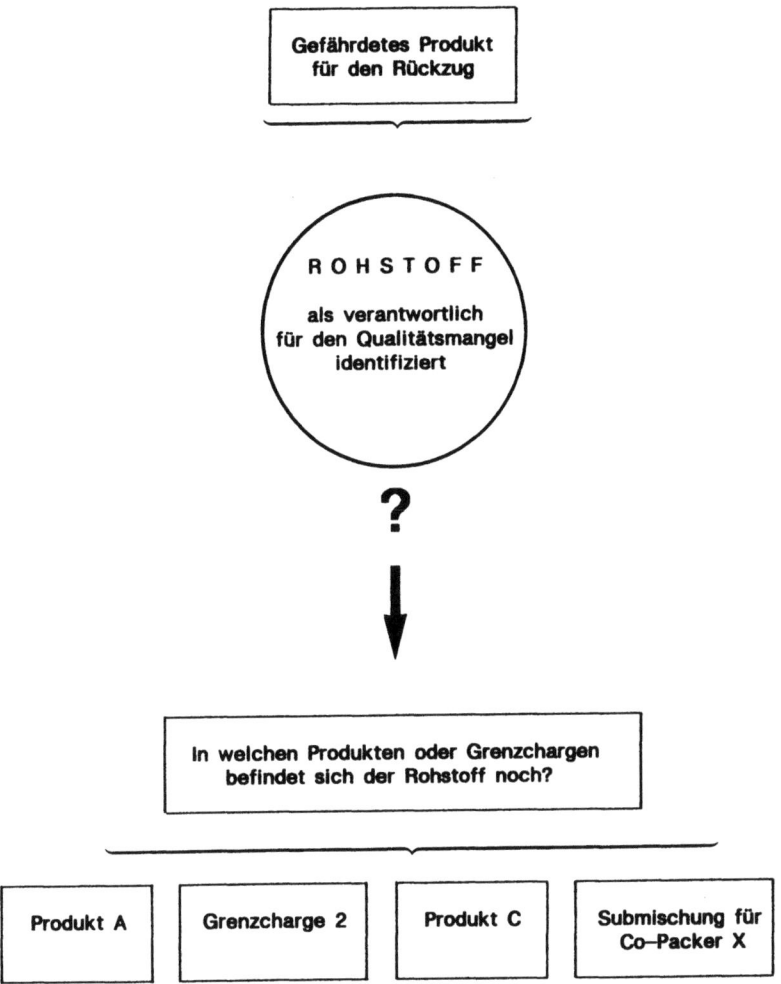

Abb. 19. Produktionslos-überschreitenden Rohstoffeinsatz beachten

9.2.4 Risikoanalyse – der Krisenstab probt die Praxis

Ein installiertes Aktionsprogramm für einen Warnruf oder Produktrückzug ist mindestens 1mal jährlich auf seine Effizienz zu überprüfen. Dabei geht es nicht nur um den Krisenstab und Adressenpool, sondern auch um folgende Daten:

- Welches Produkt ist betroffen?
  - Adressen aller Abnehmer gegliedert nach:
    Handelsgruppen
    Vertriebslinien
    Geographischen Räumen
  - Adressen der logistischen Zwischenstationen:
    Lagerhalter
    Transportführer
    Spediteur
  - Liste der persönlichen Ansprechpartner bei den belieferten Firmen:
    Geschäftsleitung
    Einkaufsleitung
    Krisenkoordinator – (falls vorhanden)
- Warendurchgriff: Die Aufforderung an den Handel, bestimmte Artikel aus dem Sortiment zu nehmen und diese vor jedem Zugriff sicher zwischenzulagern
- Informationsfluß „nach unten"; Feststellung des Schadensverursachers
  - Rohstoff
    Lieferant ermitteln
    Rückstellmuster rearchivieren
    eigene Produktionslinie
- Informationsfluß „nach oben"; Warninformation hinsichtlich
  - Gefahrenursache
  - Gefahrenquelle
  - Gefahrenbeschreibung
  - Notwendige Sofortmaßnahmen
  - Identifikationshilfen
  - Gefahrengrad
- „Stiller" oder „Offener" Rückzug
  (Daraus folgt, ob die Öffentlichkeit und Behörden zu informieren sind, d.h. Warnung vor dem Verzehr, Aufruf zur Aussonderung, Weitergabe der Warninformationen)
  - Erfahrungsgemäßer Abverkauf einer Ware

– Öffentlichkeitsarbeit
  • Rückruftexte, Rückruf-/Warnrufinserate
  • Mindestinhalte für die Presse
– Rückversand
  • Ab Sammelstelle Handel

Das nachstehende Schema (Abb. 20) gibt ein Aktionsplan-Beispiel für den Rückzug eines Produkts vom Markt.

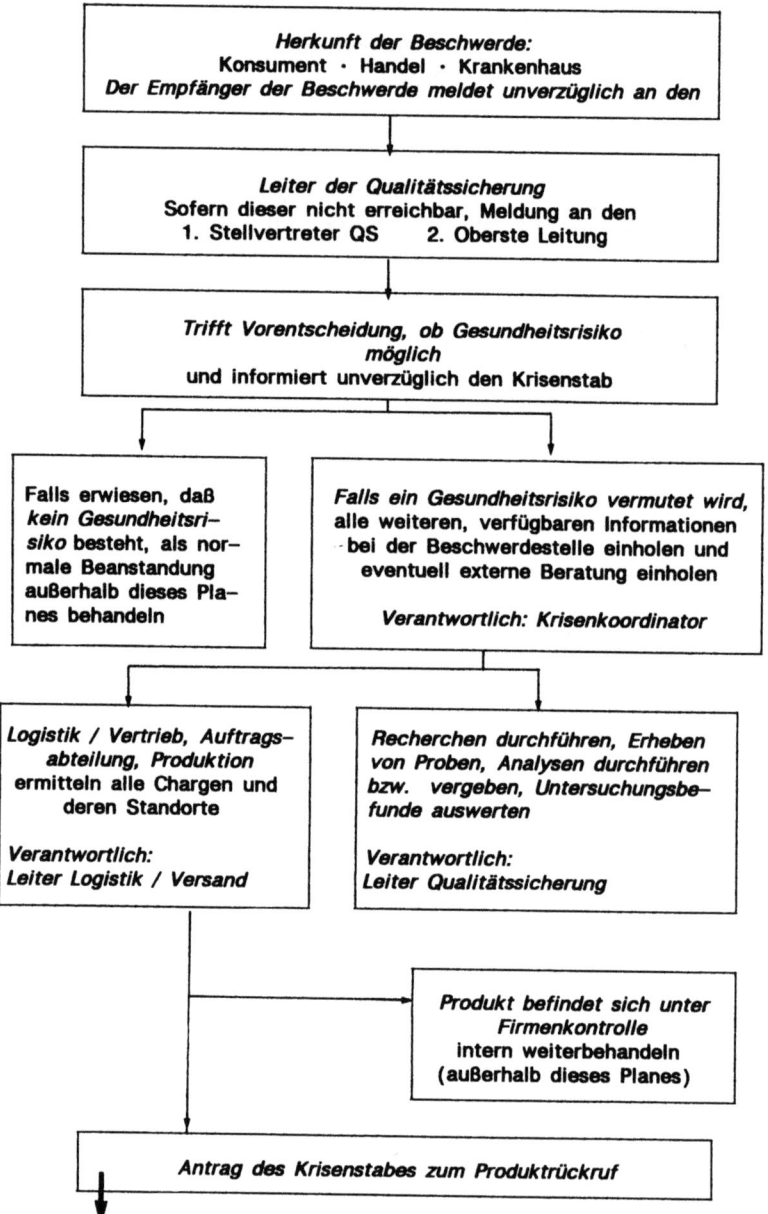

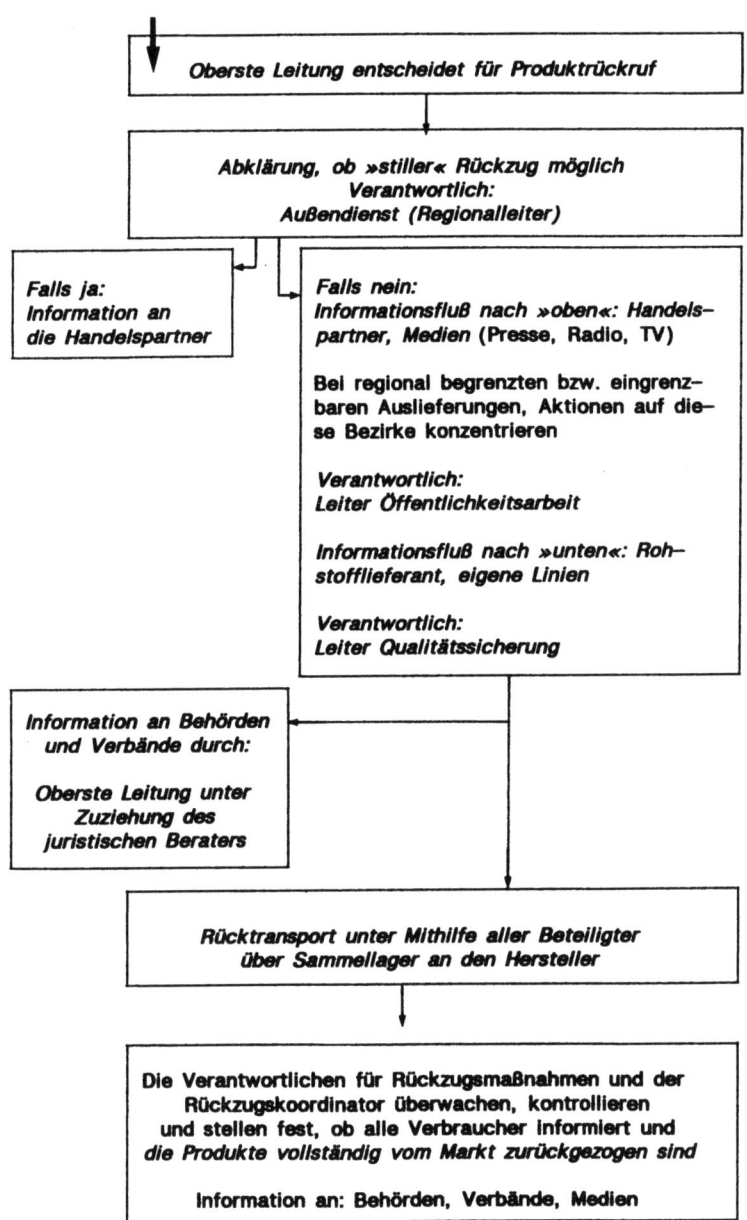

Abb. 20. Aktionsplanbeispiel für den Rückzug eines Produktes vom Markt

9.2.4.1 Umgang mit der Presse

Der Umgang mit Vertretern der Presse will gekonnt sein. Vorschnelle Erklärungen und Stellungnahmen können, auch wenn sie gut gemeint sind, mißverstanden werden. Aus diesem Grund ist das *Üben von Pressekonferenzen* ein fester Bestandteil des Krisenmanagements. Auch hier gilt es, mögliche Erklärungen vorzubereiten und juristisch wie fachlich abzusichern.

Informieren Sie fair und besonnen – dann werden Sie in der Regel auch von der Presse fair behandelt. Gewinnen Sie die Presse als Partner.

Folgende Grundregeln sollten beachtet werden:

- Mitarbeiter, die von Medien angesprochen werden, sollen bei Fragen auf den Leiter *Öffentlichkeitsarbeit* hinweisen. Alle Informationen dürfen in einer Krisensituation nur von der dafür zuständigen Stelle im Betrieb kommen
- Journalisten sind darüber zu unterrichten, daß sie nur dann eine vollständige Auskunft über alle Fakten erhalten, wenn sie sich an den Leiter Öffentlichkeitsarbeit wenden
- In der ersten Phase der Krisensituation ist es akzeptabel, den Medien zu antworten: „Wir wissen derzeit noch nichts, aber wir kommen darauf zurück, sobald wir mehr Informationen haben"
- Wirklich auf die Medien zurückkommen – nie antworten: „Kein Kommentar"
- Den Treffpunkt der Medienkontakte veröffentlichen
- Pressekonferenzen einberufen, auf der schriftliche Äußerungen verlesen werden. Informationen geben: „Wer – Was – Wo – Wann – Warum und Wie"
- Wahrheitsgemäß berichten – Verweisen Sie nur bei übergreifenden Krisen und Katastrophen auf Verbände. Wer sollte eine interne Krise besser einschätzen können als das betroffene Unternehmen?
- *Einzelinterviews vermeiden*, keine Informationen *„nur unter uns"* geben, da es derartige Informationen nicht gibt
- Den Journalisten vor Beginn der Pressekonferenz eine Zeitbegrenzung angeben
- Möglichst eine Bandaufnahme der Pressekonferenz machen

9.2.4.2 Drohung – Sabotage

Bei telefonisch eingehenden Drohungen kann ein Merkblatt (s. nachstehendes Beispiel) für weitere Ermittlungen sehr hilfreich sein.

Drohung

Eingang:	Datum _____	Zeit _____	Tel.App. _____
bei:	Name _____	Vorname _____	Tel. _____
Informant:	Name _____	Vorname _____	

Information:
Was? [ ] Bombe [ ] Brand [ ] Explosion
      [ ] Gift   [ ] Mord   [ ] Entführung

Sonstiges: _____

Wann? Tag _____ Uhrzeit _____
Wo?   Ort _____ Gebäude _____

Besondere Ortsbezeichnung _____

Warum? _____

Ihr Verhalten
→ Vereinbartes Signal für Bomben-
  drohung geben
→ Zuhören
→ Nicht unterbrechen
→ Sofort Notizen machen
→ Gespräch verlängern durch
  wiederholen lassen
→ Mehr Informationen durch
  Rückfragen
  Wo befindet sich die Bombe, das Gift?
  Was sind die Forderungen?

→ Sie notieren genauen Text
_____
_____
_____
_____
_____

Angaben zum
Anrufer/Anruf: [ ]Mann [ ]Frau [ ]Jugendlicher [ ] Jugendliche

Stimmlage: [ ]hoch [ ]mittel [ ]tief   Alter _____

Sprechweise: [ ]normal [ ]schnell [ ]stockend

Sprache: [ ]hochdeutsch   [ ]Dialekt (welcher?) _____
            [ ]fremdsprachiger Akzent (welcher?) _____

Hintergrund-
geräusche: [ ]keine   [ ]Musik (Art)
              [ ]Stimmen   [ ]Verkehrslärm (Art)
              [ ]Maschinengeräusch [ ]sonstiges

Sonstige
Bemerkung: z.B. Stimme verstellt, vom Tonband gesprochen, Alkoholeinwir-
              kung, Sprachfehler, Fachausdrücke, Stimme bekannt, Redensart

              [ ] siehe Rückseite
                                    Unterschrift _____

Sofortmeldung
der Drohung an:

              Name _____ Vorname _____ Datum/Uhrzeit ___/___

10 Qualitätssicherung Hersteller/Handel

10.1 Qualitätssicherung – Produktreporting

Der Handel als Mittler zwischen Hersteller und Endverbraucher benötigt ausreichende Produktinformationen um kundengerechte Beratungen durchführen, aber auch um die Sicherheit der vertriebenen Produkte bewerten zu können. Gerade in jüngster Zeit sind auch die Handelshäuser über das bisherige Engagement hinaus bestrebt, ihre Qualitätssicherungsstrategien den neuen Gegebenheit – d. h. globalen Konzepten – anzupassen.

Voraussetzung für die Verwirklichung greifender Qualitätssicherungsmaßnahmen des Handels sind Abforderungen von „Produktsteckbriefen" beim Hersteller. Naturgemäß stellt dies eine Konfliktsituation dar, da die Hersteller im allgemeinen fürchten, ihre Rezepturen oder ihr Know-how offenlegen zu müssen.

Nun sind allerdings für die Darlegung von Qualitätssicherungsmaßnahmen solche Betriebsinterna weder zu fordern noch offenzulegen – vielmehr ist ein funktionierendes Qualitätssicherungssystem nachzuweisen, das dem Handel die nötige Sorgfaltspflicht des Herstellers dokumentiert. Das Reporting über ein installiertes Qualitätssicherungssystem und dessen Aktivitäten muß für den Handel eindeutig nachvollziehbar sein; der Inhalt ist zwischen Hersteller und Handel zu definieren und Schnittstellen sind zu fixieren.

Es versteht sich, daß bei Änderungen am Produkt oder innerhalb des Herstellungsprozesses dem Handel gegenüber eine Informationsverpflichtung besteht.

Die Offenlegung der jeweils eigenen QS-Systeme – die in der Regel auch die gegenseitige Zutrittsberechtigung relevanter Bereiche (Fabrikationsräume/Distributionsläger) mit einbezieht – ist zentrale Voraussetzung für den Aufbau und Bestand einer zuverlässigen Hersteller-/Handelsbeziehung.

Der Aufbau einer solchen Beziehung dauert in der Regel einige Jahre. Die gegenseitige Toleranz muß – zumindest in der Anfangsphase – hoch sein. Das Auftreten eines ersten und vielleicht einmaligen Qualitätsmangels bei einer Lieferung sollte keinesfalls dazu führen, den Lieferanten sofort zu wechseln. Solch ein Vorgehen könnte sogar der schlechteste Weg sein, um langfristig beständige Qualitäten aufzubauen und widerspricht den Grundsätzen einer Qualitätssicherung.

Das nachstehende Reportingsystem, das die allgemeine Produktspezifikation ergänzt, gibt detaillierte Auskunft über die Qualitätssicherungsaktivitäten.

10.1.1. Reporting – Management der Produktequalität

Management der Produktequalität

HERSTELLER :

☆ Adresse
   - Straße :
   - Postfach :
   - PLZ Ort :
   - Land :

☆ Kommunikation
   (allgemein)
   - Telefon-Nr. :
   - Telefax-Nr. :
   - Telex :
   (speziell)
   - Krisenkoordinator :
   - Qualitätssicherung :
   - Marketing/Verkauf :

PRODUKTNAME :

   - Herstelleridentifikation :
   - Handelsübliche Identifikation:
   - EAN Code :
   - Produktions-Nr. :
   - Nettogewicht :

INHALTSVERZEICHNIS : Seite

   1. Produktinformation   II - IV
   2. Herstellungsverlauf   V
   3. Beschreibung der Verpackung   VI
   4. Art der Prüfungen   VII
   5. Gewährleistungen   VIII
      Visa / Änderungen   IX

```
*  Qualitätsmanagement  *
```

1. Produktinformation   Seite II von IX

1.1 IDENTIFIKATION

    Artikel-Nr.   :
    Produktname   :
    EAN-Code   :
    Nettogewicht   : .... g .... ml

1.2 DARSTELLUNG

    Verpackung   : ....
    (versch. Formen)   :

    ☆ Verkaufseinheit   : Nettogewicht   : .... g
                            Bruttogewicht, ca. : .... g

    ☆ Display   : ...... Einheiten
                            Nettogewicht   : .... g
                            Bruttogewicht, ca. : .... g

    ☆ Karton   : ...... Einheiten
                            Nettogewicht   : .... g
                            Bruttogewicht, ca. : .... g

    ☆ EURO-Paletten   : ...... Kartons (Displays) per Lage
                            ...... Lagen per Palette
                            Palettenhöhe   : .... cm
                            Bruttogewicht, ca. : .... kg

1.3 CODIERUNG (wie/wo) : Mindesthaltbarkeit: ....
                            Lot-(Chargen-)Bz. : ....

1.4 LAGER-/TRANSPORT-
    BEDINGUNGEN   : Temperatur   : .... °C
                            rel. Luftfeuchte   : .... %

1.5 MINDESTHALTBARKEIT : ....Tage/Monate nach Herstellung

```
┌─────────────────────────────────────────────────────────┐
│            * Qualitätsmanagement *                      │
│  1.  Produktinformation              Seite III von IX   │
├─────────────────────────────────────────────────────────┤
│                                                         │
│  1.6  QUALITÄTSASPEKTE    :                             │
│                                                         │
│                                                         │
│                                                         │
│  1.7  PRODUKTDARSTELLUNG                                │
│                                                         │
│         ☆ Farbe / Aspekt   :                            │
│         ☆ Geruch           :                            │
│         ☆ Konsistenz       :                            │
│         ☆ Geschmack                                     │
│         ☆ .............    :                            │
│                                                         │
│         ☆ Abmessungen (L×B×H): ...... mm × ...... mm × ...... mm │
│                                                         │
│         ☆ Sonstiges        :                            │
│                                                         │
│                                                         │
│  1.8  ZUTATENLISTE         : (in absteigender Reihenfolge) │
│         ☆                                               │
│                                                         │
└─────────────────────────────────────────────────────────┘
```

```
* Qualitätsmanagement *
1.  Produktinformation                              Seite IV von IX


1.9 ANALYSEN

    a.) Chemie (durchschnittlicher Gehalt)

        Protein          g/100 g:              (N × ....)
        Fett             g/100 g:
        Asche            g/100 g:
        Wassergehalt     g/100 g:
        Kohlenhydrate    g/100 g:
        -                      :
        -                      :
        pH-Wert                :
        ...............       :
        ...............       :
        Energie    kJ (kcal)/100 g:


    b.) Mikrobiologie (Maximalwerte)

        Gesamtkoloniezahl  : <          per g
        Hefen              : <          per g
        Schimmelpilze      : <          per g
        Total Enterobakt.  : <          per g  (über Anreicherung)
        Total Enterobakt.  : <          per g  (Direktplatte)
        E. coli            : <          per g  (MPN-Technik)
        Salmonellen        :   in 25 g nicht nachweisbar
                              gemäß Stichprobenplan FDA Kat. I-III
        S. aureus          : <          per g
        B. cereus          : <          per g
        Enterokokken       : <          per g
        ............... ..: <          per g

        Kommerzielle Steri-
        lität nachgewiesen
        durch              :


    c.) Andere Kontaminanten (falls relevant)

        Radioaktivität    :     bq/kg
        Aflatoxine        :     ppt
        Pestizide         :     ppm
        Schwermetalle     :     ppm
```

∗ Qualitätsmanagement ∗

2. Herstellungsverlauf   Seite V von IX

2.1 HERSTELLUNGSVERFAHREN
(Kurzbeschreibung)

☆

2.2 FLUSSDIAGRAMM

Schema   *Abschnitte*   *Kritische Kontrollpunkte*
******   **********   **************************

☆

* Qualitätsmanagement *

3. Beschreibung der Verpackung   Seite VI von IX

3.1 FOLIE - KARTON - PAPIER - SONSTIGES

Material(ien):..............   Weite/Breite: ....
              ....
              ....
              ....
              ....

3.2 DISPLAY

Material(ien): ....
               ....
               ....
               ....

Abmessungen : .... mm × .... mm × .... mm
Abmessungen : .... mm × .... mm × .... mm

3.3 UMKARTON

Material(ien): ....
               ....
               ....

Abmessungen : .... mm × .... mm × .... mm

3.4 ÖKOLOGIE
(Bemerkungen/Empfehlungen)

☆

* Qualitätsmanagement *

4. Art der Prüfungen   Seite Ⅶ von Ⅸ

4.1 LABOR VORHANDEN : [ ] ja   [ ] nein →siehe 4.6

4.2 EINGANGSPRÜFUNG : [ ] ja   [ ] nein

4.3 PACKMITTELPRÜFUNG
     ☆ Prüfung bei jeder Lieferung   : [ ] ja   [ ] nein

     ☆ sonstige Frequenz   : ....

4.4 FÜLLMENGENKONTROLLE
     ☆ Wird wie oft ausgeführt?   : ....

4.5 PRÜFUNG DES ENDPRODUKTES
     ☆ Sensorik   : ....

     ☆ Chem. Analytik   : Gemäß Prüfvorschrift ..pro Jahr

     ☆ Haltbarkeitstests   : "Follow up" .... pro Jahr

     ☆ Mikrobiologie   : Frequenz ....

                      Stichprobenplan ....

4.6 WERDEN EXTERNE LABORDIENSTLEISTUNGEN IN ANSPRUCH GENOMMEN? : [ ] ja   [ ] nein

4.7 MED. UNTERSUCHUNG DER MITARBEITER
     ☆ durchgeführt   : [ ] ja   [ ] nein

     ☆ wie oft   : .... pro Jahr

                      nur zur Einstellung [ ]

4.8 HYGIENEKONTROLLEN PRODUKTION
     ☆ werden durchgeführt   : [ ] ja   [ ] nein

     ☆ wie oft   : ...... × pro Woche/pro Monat

* Qualitätsmanagement *
5. Gewährleistungen   Seite VII von IX

5.1 LAGER UND HALTBARKEITSBEDINGUNGEN
☆

5.2 NETTOGEWICHT / " e "-ZEICHEN

Der Hersteller bestätigt, daß er bzgl. der Füllmenge (Gewicht/Volumen) den EG-Richtlinien entsprechend handelt.

[ ] ja   [ ] nein

5.3 QUALITÄTSGEWÄHRLEISTUNG

Dank praktizierter GHP (GMP), kombiniert mit ständigen Qualitätsprüfungen inkl. HACCP, kann garantiert werden, daß jede Produktionscharge, die das Unternehmen verläßt, unter optimalen Bedingungen hergestellt wurde.

[ ] ja   [ ] nein

5.4 GESETZGEBUNGSSTANDARDS

Das Produkt ist konform mit den Bestimmungen der EG bzw. der Bundesrepublik Deutschland.

[ ] ja   [ ] nein

5.5 KRISENPROGRAMM - PRODUKTRÜCKRUFSYSTEM

Unser umfassendes Qualitätssicherungsprogramm beinhaltet ein Krisenkonzept, welches den lückenlosen Produktrückruf vom Markt bzw. aus den Verbraucherkanälen erlaubt.

[ ] ja   [ ] nein

* Qualitätsmanagement *

Seite IX von IX

Das genannte und beschriebene Produkt wird konform der Produktbeschreibung hergestellt und ausgeliefert.

Hiermit erklären wir, daß Zahlen, Daten und Angaben in diesem Dokument korrekt sind und verpflichten uns, ein neues Dokument zu senden:

☆ bei wichtigen Modifikationen,
☆ sonst alle 18 Monate

Ort   Datum

Visum Geschäftsleistung   Visum Qualitätswesen

Firmenstempel

Anhang

Von der Trägergemeinschaft für Akkreditierung GmbH (TAG) akkreditierte Zertifizierungsstellen – Erzeugnisse des Ernährungsgewerbes – Stand 6.9.1993
(alphabetische Reihenfolge)

Dr. Adams und Partner Unternehmensberatung
– Zertifizierungsstelle –
Königstraße 78
D-47198 Duisburg
Tel.: 02 03/20 09-0

Bureau Veritas Quality International Ltd.
70 Borough High Street – UK London SE1 1XF
Niederlassung Deutschland
Huyssenallee 5
D-45128 Essen
Tel.: 02 01/8 10 76-0

DEKRA AG Zertifizierungsdienst
Schulze-Delitzsch-Straße 49
D-70565 Stuttgart
Tel.: 07 11/78 61-0

DQS – Deutsche Gesellschaft zur Zertifizierung GmbH
August-Schanz-Straße 21 A
D-60433 Frankfurt/Main
Tel.: 0 69/54 80 01 30

Landesgewerbeanstalt Bayern
Gewerbemuseumsplatz 2
D-90403 Nürnberg
Tel.: 09 11/20 17-0

LRQA Lloyds Register Quality Assurance
Norfolk House – Welles Road
UK – Croydon CR9 2DT

TÜV Bayern-Sachsen
Westendstraße 199
D-80686 München
Tel.: 0 89/57 91-0

TÜV-CERT Zertifizierungsgemeinschaft e. V.
Reuterstraße 161
D-53113 Bonn
Tel.: 02 28/2 60 98 40

Weitere Informationen durch:

TAG-Trägergemeinschaft für Akkreditierung GmbH
Stresemannallee 13
D-60596 Frankfurt/Main
Tel.: 0 69/6 30 23 80

Literatur

Im Text zitierte Literatur

Baltes W (Hrsg) (1987) Schnellmethoden zur Beurteilung von Lebensmitteln und ihren Rohstoffen. Behr's Verlag, Hamburg

BGA (Bundesgesundheitsamt, Hrsg) (1992) Amtliche Sammlung von Untersuchungsverfahren nach § 35 LMBG – Loseblattsammlung. Beuth Verlag, Berlin

Bozyk Z, Rudzki W (1971) Qualitätskontrolle von Lebensmitteln nach mathematisch-statistischen Methoden. VEB Fachbuchverlag, Leipzig

Cerf O (1987) Die statistischen Kontrollen der UHT-Milch. In: Reuter H (Hrsg) Aseptisches Verpacken von Lebensmitteln. Behr's Verlag, Hamburg

Cerny G, Hennlich W (1991) Minderung des Hygienerisikos bei Feinkostsalaten durch Schutzkulturen. Teil II: Kartoffelsalat. ZFL 42/1, 2: 6–12

Cerny G, Hennlich W (1992) Minderung des Hygienerisikos bei Feinkostsalaten durch Schutzkulturen. Teil III: Kühlgelagerte Fleisch- und Kartoffelsalate. ZFL 43/6: 329–332

Deutsche Gesellschaft für Qualität-DGQ (1972) Stichprobentabellen zur Attributprüfung – Erläuterung und Handhabung. Beuth Verlag, Berlin Köln

Deutsche Norm (1979) DIN 40 080 Verfahren und Tabellen für Stichprobenprüfung anhand qualitativer Merkmale (Attributprüfung). Beuth Verlag, Berlin

Deutsche Norm (1982) DIN ISO 186 Probenahme für Prüfzwecke – Papier und Pappe. Beuth Verlag, Berlin

Deutsche Norm (1987) DIN ISO 9004 Qualitätsmanagement und Elemente eines Qualitätssicherungssystems-Leitfaden. Beuth Verlag, Berlin

Deutsche Norm (1988) DIN ISO 8402 Qualität – Begriffe. Beuth Verlag, Berlin

Deutsche Norm (1990) DIN ISO 9000 Qualitätsmanagement- und Qualitätssicherungsnormen – Leitfaden zur Auswahl und Anwendung. Beuth Verlag, Berlin

Deutsche Norm (1990) DIN ISO 9001 Qualitätssicherungssystem – Modell zur Darlegung der Qualitätssicherung in Design/Entwicklung, Produktion, Montage und Kundendienst. Beuth Verlag, Berlin

Deutsche Norm (1990) DIN ISO 9002 Qualitätssicherungssystem – Modell zur Darlegung der Qualitätssicherung in Produktion und Montage. Beuth Verlag, Berlin

Deutsche Norm (1990) DIN ISO 9003 Qualitätssicherungssystem – Modell zur Darlegung der Qualitätssicherung bei der Endprüfung. Beuth Verlag, Berlin

Emde H (1992) Neue Perspektiven in der Lebensmittelkontrolle oder innerbetriebliche Qualitätssicherung und amtliche Lebensmittelüberwachung. Archiv f. Lebensmittelhygiene 43: 44–48

EWG-Vorschlag zur Festlegung allgemeiner Gesundheitsvorschriften für die Herstellung und Vermarktung von Erzeugnissen tierischen Ursprungs sowie spezifischer Gesundheitsvorschriften. Abl. Nr. C 237 vom 30.12.1989. S. 29ff – 89/C 327/04 – Art. 5 Abs. 1; auch Abl. Nr. C 193 vom 31.07.1989, S. 1 – 89/C 193/01, Anhang II 2i

FDA (Food and Drug Administration, Ed.) (1990) Bacteriological Analytical Manual, 7th edn. AOAC, Arlington, VA 22209

Foster EM (1971) The Control of Salmonella in Processed Foods: A Classification System and Sampling Plan. Journal of the AOAC 54: 259
Fraunhofer-Institut für Lebensmitteltechnologie und Verpackung, München Hrsg (1988) (Arbeitsgruppe „Mikrobiologie der Packstoffe") Mikrobiologische Prüfmethoden von Packstoffen. Keppler Verlag, Heusenstamm
Gorny D (1990) Das externe Lebensmittelaudit. Ein wichtiges Instrument der Qualitätssicherung. Behr's Verlag, Hamburg
Gorny D (1992) Unternehmenseigene Qualitätssicherungssysteme unter rechtlichen Aspekten. Seminar „Qualitätssicherungs-Handbuch" der BLL Arbeitsgemeinschaft
Habraken CIM, Mossel DAA, van den Reek (1986) Management of Salmonella Risks in the Production of Powdered Milk Products. Netherlands Milk Dairy Journal 40: 99-116
Hauert W (1982) Verantwortung der Industrie bezüglich Qualitätssicherung bei der Nahrungsmittelherstellung. Alimenta-Sonderausgabe, S. 15-20
Hauert W (1984) Praktische Erfahrungen bei der mikrobiologischen Qualitätskontrolle. Mitteilung aus dem Gebiete der Lebensmitteluntersuchung und Hygiene 75: 143-156
Hennlich W, Cerny G (1990) Minderung des Hygienerisikos bei Feinkostsalaten durch Schutzkulturen. Teil I: Fleischsalat. ZFL 41/12: 806-814
ICMSF (International Commission on Microbiological Specification for Foods, Ed.) (1974) Microorganisms in Food 2. Sampling for microbiological analysis: Principles and specific applications, reprinted with corrections 1982. University of Toronto Press, Toronto Buffalo London
ICMSF (1978) Microorganisms in Foods 1. Their significance and methods of enumeration. 2nd edn. University of Toronto Press, Toronto Buffalo London
Jay JM (1984) Modern Food Microbiology. 3nd edn. D. Van Nostrand Comp., New York London Toronto Melbourne
Leistner L (1979) Haltbarkeit und Haltbarmachung von Fleisch und Fleischerzeugnissen - Haltbarkeit und Hürdenkonzept. Die Fleischerei 2: 148
Leistner L (1978) Hurdle effect and energy saving. In: Downey WK (Hrsg) Food quality and nutrition. Appl. Science, London, pp 553-557
Lösche K (1991) Enzymatische Lebensmittelkonservierung. Lebensmitteltechnik 23 (1/2): 43-49
Matissek R, Schnepel FM, Steiner G (1989) Lebensmittelanalytik. Grundzüge - Methoden - Anwendungen. Springer, Berlin Heidelberg New York London Paris Tokyo
Pichhardt K (1983) Aspekte zu mikrobiologischen Stichprobenplänen. Lebensmitteltechnik 15/12: 679
Pichhardt K (1991) Hygiene-Risiken im Vorfeld begegnen. Lebensmitteltechnik 23/10: 571-573
Pichhardt K (1992) Kartonverpackungen - Stabilitätsprüfung mittels Hydrodynamik. Lebensmitteltechnik 24/4: 177-178
Pichhardt K (1993) Lebensmittelmikrobiologie - Grundlagen für die Praxis, 3. Aufl. Springer, Berlin Heidelberg New York London Paris Tokyo Hongkong Barcelona Budapest
Rauscher K, Engst R, Freimuth U (1986) Untersuchung von Lebensmitteln. 2. Aufl. VEB Fachbuchverlag, Leipzig

Schmidt-Lorenz W (Hrsg) (1981) Sammlung von Vorschriften zur mikrobiologischen Untersuchung von Lebensmitteln – Loseblattsammlung. Verlag Chemie, Weinheim Deersfield Beach Basel

Speck ML (ed) (1984) Compendium of Methods for the Microbiological Examination of Foods, 2nd ed. American Public Health Association, Washington D.C.

Sturm W (1991) Probenahme. In: Frede W (Hrsg) Taschenbuch für Lebensmittelchemiker und -technologen, Band 1. Springer, Berlin Heidelberg New York London Paris Tokyo Hongkong Barcelona Budapest

Schweizerisches Lebensmittelbuch (1985, Teilrevision 1988) 5. Aufl, 2. Band „Mikrobiologie", bearb. vom Redaktionsausschuß der Subkommission 21 (Hyg. Bakt. Kommission) Merk EH, Schwab H, Burki T, Illi H, Lüönd H

Teuber M (1987) Grundriß der praktischen Mikrobiologie für das Molkereifach. Verlag Th. Mann, Gelsenkirchen-Buer

Weitere, allgemeine Literatur

Bläsing JP (1992) Das qualitätsbewußte Unternehmen, 2. Aufl. Steinbeis-Stiftung, Stuttgart

Bläsing JP (Hrsg) (1988) Praxishandbuch Qualitätssicherung, Band 4. gftm-Verlag, München

DGQ-Deutsche Gesellschaft für Qualität (1991) Qualitätssicherungs-Handbuch und Verfahrensanweisungen, ein Leitfaden für die Erstellung. DGQ-Schrift Nr. 12–62. Beuth Verlag, Berlin

Haist F, Fromm H (1991) Qualität im Unternehmen. Prinzipien – Methoden – Techniken, 2. Aufl. Carl Hanser Verlag, München

Masing W (Hrsg) (1988) Handbuch der Qualitätssicherung, 2. Aufl. Carl Hanser Verlag, München

Zink KJ (Hrsg.) (1992) Qualität als Managementaufgabe, 2. Aufl. Verlag Moderne Industrie, Landsberg/Lech

Spezielle Literatur zur Qualitätssicherung Lebensmittel

BLL (Bund für Lebensmittelrecht und Lebensmittelkunde e.V.) (1986) Der Krise ausgeliefert? Ein Leitfaden für Krisenmanagement im Lebensmittelbereich. D-5300 Bonn 2

BLL (Hrsg.) (1991) Qualitätssicherung-Handbuch. D-5300 Bonn 2

Bundesgesetzblatt (1985) PharmBetrV vom 8. März 1985, Teil 1546–1551, „Betriebsverordnung für pharmazeutische Unternehmer" (Diese BetrV baut im wesentlichen auf die 1975 revidierte Richtlinie der WHO „Good Manufacture Practice-GMP" für die Herstellung von Arzneimitteln auf)

Claußen T, Lippert KD (1992) Qualitätssicherung in der Lebensmittelindustrie. In: Lebensmittelrechts-Hdb III E – Loseblattsammlung. Verlag C.H. Beck, München

FIAL (Föderation der Schweizerischen Nahrungsmittel-Industrien) (Hrsg) (1991) Qualitätssicherungs-Handbuch der Schweizerischen Nahrungsmittel-Industrie, 2. Aufl. CH-3000 Bern 16

Funk W, Dammann G, Donnevert G (1992) Qualitätssicherung in der Analytischen Chemie. VHC Verlagsgesellschaft, Weinheim New York Basel Cambridge

ICMSF (International Commission on Microbiological Specifications for Foods, ed.) (1988) Microorganisms in Foods 4; Applications of the hazard analysis critical control point (HACCP) system to ensure microbiological safety and quality. Blackwell Scientific Publications, Oxford London Edinburgh Boston Melbourne

ICMSF (1980) Microbial Ecology of Foods; Vol. 1, Factors Affecting Life and Death of Microorganisms; Vol. 1, Food Commodities. Academic Press, New York London Toronto Sydney San Francisco

Pierson MD, Corlett jr DA, (Hrsg) (1993) HACCP-Grundlagen der produkt- und prozeßspezifischen Risikoanalyse. Behr's Verlag, Hamburg

SGLH (Schweizerische Gesellschaft für Lebensmittelhygiene) (1985) Gute Herstellungspraxis (GHP) für Lebensmittel, Schriftenreihe Heft 15. CH-8603 Schwerzenbach

Audiovisuelle Schulungsprogramme zum Thema Hygiene

AVA Scheiner AG: „Die ungebetenen Gäste", „Händehygiene", „Achtung! Umwelt", „Jeder Mitarbeiter, ein Dedektiv an seinem Arbeitsplatz", „Q-Qualität ist kein Zufall". Mutschellenstraße 18, CH-8002 Zürich

Sachverzeichnis

Abwehrmaßnahmen 155
Aktionsplan, Produktrückzug 191, 201
Akzeptabler Qualitätslevel 122, 143
Amtliche Lebensmittelüberwachung 17
Analysenmethode 85
Anforderung 85
Apparate, Einrichtungen
–, Anforderung 37, 46, 58
–, Instandhaltung 59
–, Konstruktion 59
AQL
   s. akzeptabler Qualitätslevel
Artikelidentifikation 196
Ausbildungsplan 186
Ausbildungspyramide 185
Äußere Faktoren
   s. Extrinsic parameters
aw-Wert 154

Bemusterungspläne
–, Chemie 96–98
–, Konserven 125
–, Mikrobiologie 102, 119, 123
–, Packmittel 141, 144
–, UHT-Produkte 126
Beschaffung 92, 167
Beschaffungsspezifikation 176
Besucherregelung 70
Betriebliche Führung
   s. Besucherregelung
Betriebshygiene 68
Betriebsversuche 156
Bulkware 47, 85

CCP 73, 85
   s. auch kritischer Kontrollpunkt
Charge 25, 86
–, Definition 86

–, Umarbeitung 40
–, zurückgewiesene 62

Definitionen 85–88
Deklarationswert 160
Designlenkung
   s. Produktentwicklung
DIN ISO-Konformität 8
DIN ISO-Normen 9, 103, 143
Drohung 203
–, Merkblatt 204

Eh-Wert 154
Einflüsse, atmosphärische 155
Eingangsprüfung 93
Entsorgungsräume 57
Entwicklung
   s. Produktentwicklung
Extrinsic parameters 74, 154

Fabrikationsauftrag 41
Fabrikationsvorschrift 160
Fehlerbegriff 132
Fehlereinteilung 193
Fehlerverhütungskosten 4
Fehlleistungen 4
Fertigprodukt 86
Fertigproduktkontrolle 90
Fertigproduktspezifikation 161
Firmenpolitik 4
Foster-Plan 101
Freigabe
–, Entscheid 30
–, Kennzeichnung 31
–, Kompetenz 30, 84

Gebäude 45, 55
Gefahrenanalyse kritischer Kontrollpunkte
   s. HACCP

Gefährdungsgrad 94, 132
Gefährdungspotential
–, Fertigprodukte 116
–, Rohstoffe 99
Gehalt 86
Gesundheitszustand 66
GHP/GMP
  s. Gute Herstellungspraxis
Gradueller Fehler 193
Grenzwert 126, 176
Gute Herstellungspraxis 21

HACCP 73, 86, 106, 108
–, Darstellung 77
–, Gefahrenarten 76
–, Grundlagen 73
–, Implementierung 75
–, Zielvorgaben 78, 80
Halbfabrikat 86
Haltbarkeitsfrist 86
Hauptfehler 133
Haus der Qualität 13
Hazard Analysis Critical Control Points
  s. HACCP
Herstellungsqualität 86
Herstellvorschrift
  s. Fabrikationsvorschrift
Homogenität 25, 87
Hydrodynamische Veränderung 120
Hygieneüberwachung 113

In-Pack-Promotion-Artikel 179
In-Prozeß-Kontrollen 87
  s. auch IPK
Innere Faktoren
  s. Intrinsic parameters
Intrinsic parameters 75, 154
IPK 75, 106, 108, 140

Just in time 4

Kernnormen 8
Klassierung
–, Fertigprodukte 94
–, Mikrobiologie 99, 116
–, Packmittel 132
–, Rohstoffe 95
Kompetenz 30, 84
Konfektionierung 45
Konserven 125

Kontrollen
–, fabrikationshygienische 113
–, personalhygienische 113
Kontrollvorschrift 87
Kosten für
– Fehler 4, 6
– Überprüfung 4, 6
– Vorbeugung 4, 6
Krisendateien 195
Krisenkoordinator 194
Krisenmanagement 189
–, Gefahrenpotentiale 192
Krisenstab 195
–, Risikoanalyse 198
Kritische Fehler 132
Kritische Kontrollpunkte 74
  s. auch CCP

Lager 61
Lagerbedingung 87
Lagerung 62
–, vorübergehende 39, 48
Lebensmittelabfälle 54
Lieferantenauswahl 92
Lieferantenbeurteilung 172–175
Lieferantenlistung 169
Lieferantenstatus 169
Lean production 4
Loskennzeichnung 192

Mängel, festgestellte 39, 48
Marketing 4, 15, 149
Mehrzweckapparaturen 60
Meßeinrichtungen 60
Methoden 91
Military Standard 143
Monitoring 115
Musterprüfung 28
–, Dokumentation 29
Musterzug 28, 100, 141
Musterzugplan 87, 94, 96, 98, 100
–, Endprüfungen 110, 119
  s. auch Stichprobenplan

Nachkontrollen 63, 115
Nebenfehler 133
Normenauswahl 8
Normenkonformität 3

Oberste Leitung 11
On-Pack-Promotion-Artikel 179

Sachverzeichnis

Packhilfsmittel 132
Packmaterial, Änderung von 145
Packmittel
–, Definition 132
–, Fehlerbegriff 132
Packmittel 32, 131
–, Freigabe 35, 139
–, Prüfung 34, 102
–, Qualitätssicherung 131
–, Reduzierte Bemusterung 143
Packmittelbemusterung 102
Packmittelgruppen 142
Packmittelprüfung
–, Ablauf 134
–, Eingangsprüfung 136
Packungselemente 32
Palettierungsschema 157
Partialdrücke 155
Personal 65
–, Gesundheitszustand 66
–, Hygiene 67
pH-Wert 154
Pilotlinienmuster 155
Präzision 87
Presse, Umgang mit der 202
Primärpackmittel 132, 169, 180
Produkt 87
Produktbeurteilung 172–175
Produktedokumentation 87, 159
Produktentwicklung 10, 149
–, Ablaufschema 151
–, Schrittfolge 153
Produktentwicklungsantrag 153
Produktfehler 10
Produktformulierung 154
Produktgeschichte 149
Produktion 37
Produktionskontrolle 90, 106
Produktionsprotokolle 44
Produktionsversuche 156
Produktionsvorschriften 40
Produktkategorie 123
Produktreporting 210–217
Produktrückzug
 s. Rückzug
Prüfkriterien, Wahl der 107
Prüfvorschrift 105

Qualität 3
–, Beeinflussungsarten 145
Qualitätsbeherrschung 15

Qualitätskontrolle 3
Qualitätskosten 4
–, Aufschlüsselung
 – externe 7
 – interne 7
Qualitätsmanagement 10
–, Kernbereiche 11
Qualitätsmerkmal 88, 104
–, Wahl von 107
Qualitätsprüfung 14, 27, 34
Qualitätsprüfung 83
–, chemisch/physikalisch 84
–, mikrobiologisch 84
Qualitätsprüfungen 89
–, Fertigprodukte 115
–, Rohstoffe 104
Qualitätsprüfungssystem 23
Qualitätssicherung 14, 16
Qualitätssicherungs-Handbuch 10, 12
Qualitätssicherungssystem 8, 17, 18
Qualitätsstrategie 3
–, operative 13
–, präventive 13
Quarantänezeit 120

Räumlichkeiten 45, 55
–, Personalräume 57
–, Produktionsräume 56
Richtigkeit 88
Risikobeurteilung 94
Risikoklassen, mikrobiologische
–, Fertigprodukte 116–121
–, Kriterien 99
–, Rohstoffe 99
Rohstoff 25, 88
–, Bemusterung
Rohstoffklassierung 94
Rückstellmuster 88
Rückzug 109, 201

Sabotage
 s. Drohung
Salmonellen, Prüf- und Bewertungsschema 124
Schnittstelle Hersteller/Handel 207
Schulung 68, 185
Sekundärpackmittel 132
Sollqualität 88
Sorgfaltspflichtverletzung 18
Spezifikation 88, 90

Stabilitätsprüfung 120
Stichprobenplan 87, 96–98, 100, 102, 119, 122, 124–127, 141, 143, 178
Stufenkontrollen 158

Textprüfung 137
Textur 155
Toleranzwert 176
Totaler Fehler 193
Transportbehältnisse 46

UHT-Produkte 126
–, Stichprobenmodus 127

Validierungsstufen 152
Verfahrensstufen
–, diskontinuierliche 109
–, kontinuierliche 109

Verpackung 40, 45
–, Protokolle 47, 53
–, Vorschriften 47, 49
Verpackungsprüfung 51
–, Umfang 52
–, Vorschriften 47, 52
– auftragsspezifische 50
– Inhalt 49

Warenabgabe 64
Warenannahme 26
Wägeeinrichtungen 60
Warenrückruf 192

Zehnerregelung 4
Zertifizierungsstellen 218
Zubereitungskriterien 94
Zufallszahlen 101

MIX
Papier aus verantwortungsvollen Quellen
Paper from responsible sources
FSC® C105338

If you have any concerns about our products,
you can contact us on
ProductSafety@springernature.com

In case Publisher is established outside the EU,
the EU authorized representative is:
**Springer Nature Customer Service Center GmbH
Europaplatz 3, 69115 Heidelberg, Germany**

Printed by Libri Plureos GmbH
in Hamburg, Germany